普通高等院校教材

流 体 力 学

主编　许淑惠

中国建材工业出版社

图书在版编目（CIP）数据

流体力学/许淑惠主编. —北京：中国建材工业
出版社，2013.8（2024.1 重印）
普通高等院校教材
ISBN 978 - 7 - 5160 - 0470 - 8

Ⅰ. ①流⋯　Ⅱ. ①许⋯　Ⅲ. ①工程力学 - 流体力学 -
高等学校 - 教材　Ⅳ. ①TB126

中国版本图书馆 CIP 数据核字（2013）第 137510 号

内 容 简 介

　　本书根据高等院校土木工程专业的本科生流体力学课程教学大纲，同时参照注
册结构工程师等考试大纲要求编写而成。全书共分为 10 章，内容分别为：绪论，流
体静力学，一元流体动力学基础，流动阻力和水头损失，孔口、管嘴出流和有压管
道恒定流，明渠恒定均匀流，渗流，相似原理和量纲分析，流体运动参数的测量和
实验。书中对主要的流体力学术语标注了英文，每章配有课后习题。

　　本书可作为高等院校土木工程专业流体力学课程的教材，也可作为环境类专业
和给排水等专业工程流体力学或水力学课程的辅助教材，或可供其他专业及有关科
技人员参考。

　　本教材有配套课件，读者可登录我社网站免费下载。

流体力学

主编　许淑惠

出版发行：
地　　址：北京市海淀区三里河路 11 号
邮　　编：100831
经　　销：全国各地新华书店
印　　刷：北京雁林吉兆印刷有限公司
开　　本：787mm×1092mm　　1/16
印　　张：9.75
字　　数：240 千字
版　　次：2013 年 8 月第 1 版
印　　次：2024 年 1 月第 4 次
定　　价：28.00 元

本书编委会

主　编　许淑惠

副主编　牛润萍

参　编　马坤茹　张莉莉　周　琦　李艳松　王文红

主　审　张永贵

前　言

　　本书是根据土建类人才培养方案和高等院校土建类本科生流体力学课程教学大纲，同时参照注册结构工程师、公用设备工程师考试大纲编写而成。本书的编写以"概念准确、基础扎实、突出应用、淡化过程"为基本原则，突出特点一是体现学科体系的完整，保证学生有坚实的数理学科基础；二是重视学生的认知规律，科学系统地表述流体力学的基本概念、基本知识和基本计算；三是注重与工程实践应用相结合，加强工程实践的训练环节，培养学生正确判断和解决工程实际问题的能力；四是注重加强学生综合能力和素质的培养，以满足21世纪我国建设事业对专业人才的要求；五是注重内容便于理解，例题和习题都经过精心编写和设计。

　　全书共分为10章：绪论，流体静力学，一元流体动力学基础，流动阻力和水头损失，孔口、管嘴出流和有压管恒定流，明渠恒定均匀流，渗流，相似原理和量纲分析，流体运动参数的测量和实验。书中对主要的流体力学术语标柱了英文。

　　本书可作为高等学校土木工程专业流体力学课程的教材，也可作为环境工程、建筑环境与能源应用工程、能源与动力工程和给排水科学与工程等专业流体力学或水力学课程的辅助教材，或可供其他专业及有关科技人员参考。

　　参加本书编写的有：许淑惠（第3章、第4章、第6章）、牛润萍（第1章、第2章）、马坤茹（第5章）、李艳松（第7章）、张莉莉（第8章）、王文红（第9章）和周琦（第10章），许淑惠任主编，张永贵任主审。

　　由于编者学识所限，书中难免有疏漏和不足之处，恳请读者批评指正。

编者

2013.5

目　　录

第1章　绪论…………………………………………………………………… 1

1.1　作用在流体上的力 ……………………………………………………… 1

1.1.1　质量力 …………………………………………………………… 1

1.1.2　表面力 …………………………………………………………… 2

1.2　流体的主要物理性质 …………………………………………………… 2

1.2.1　流动性 …………………………………………………………… 2

1.2.2　惯性 ……………………………………………………………… 3

1.2.3　粘性 ……………………………………………………………… 3

1.2.4　压缩性和热胀性 ………………………………………………… 6

1.2.5　液体的表面张力特性和毛细管现象 …………………………… 7

1.2.6　抗压性 …………………………………………………………… 8

1.3　流体的力学模型 ………………………………………………………… 8

1.3.1　连续介质模型 …………………………………………………… 8

1.3.2　无粘性流体模型 ………………………………………………… 9

1.3.3　不可压缩流体模型 ……………………………………………… 9

本章习题 ………………………………………………………………………… 9

第2章　流体静力学 ………………………………………………………… 11

2.1　流体静压强特性 ………………………………………………………… 11

2.2　流体静压强的分布规律 ………………………………………………… 12

2.2.1　流体静压强的基本方程 ………………………………………… 12

2.2.2　等压面 …………………………………………………………… 13

2.2.3　流体静压强的分布规律 ………………………………………… 14

2.2.4　测压管水头 ……………………………………………………… 15

2.3　压强的计算基准和度量单位 …………………………………………… 15

2.3.1　计算基准 ………………………………………………………… 15

2.3.2　压强的度量单位 ………………………………………………… 16

2.4　作用于平面的液体压力 ………………………………………………… 17

2.4.1　解析法 …………………………………………………………… 17

2.4.2　图解法 …………………………………………………………… 19

2.5　作用于曲面的液体压力 ………………………………………………… 21

2.5.1　曲面上的液体压力 ……………………………………………… 21

2.5.2　压力体 …………………………………………………………… 22

本章习题 ………………………………………………………………………… 24

第3章　一元流体动力学基础 ·· 28

3.1　描述流体运动的两种方法 ·· 28

3.1.1　拉格朗日法 ·· 28

3.1.2　欧拉法 ·· 29

3.2　流场中的基本概念 ·· 29

3.2.1　恒定流和非恒定流 ·· 29

3.2.2　流线和迹线 ·· 30

3.2.3　流管、流束、过流断面、元流和总流 ·· 30

3.2.4　流量、断面平均流速 ·· 31

3.3　恒定流动的连续性方程 ·· 31

3.3.1　恒定元流的连续性方程 ·· 31

3.3.2　恒定总流的连续性方程 ·· 32

3.4　理想元流的伯努利方程 ·· 33

3.4.1　理想元流的伯努利方程 ·· 34

3.4.2　理想元流伯努利方程的物理意义和几何意义 ······································ 35

3.4.3　理想元流伯努利方程的应用 ·· 35

3.4.4　粘性流体元流的伯努利方程 ·· 36

3.5　恒定总流的伯努利方程 ·· 36

3.5.1　渐变流过流断面的压强分布 ·· 36

3.5.2　粘性流体总流伯努利方程 ·· 37

3.5.3　总流伯努利方程的物理意义和几何意义 ·· 38

3.5.4　总流伯努利方程应用 ·· 39

3.5.5　水头线 ·· 42

3.5.6　恒定气流的伯努利方程 ·· 43

3.6　恒定总流动量方程 ·· 44

本章习题 ·· 47

第4章　流动阻力和水头损失 ·· 50

4.1　沿程损失和局部损失 ·· 50

4.1.1　流动阻力和能量损失的分类 ·· 50

4.1.2　损失的计算公式 ·· 51

4.2　层流与紊流，雷诺数 ·· 51

4.2.1　层流与紊流 ·· 52

4.2.2　雷诺数 ·· 53

4.2.3　流态分析 ·· 54

4.2.4　粘性底层 ·· 55

4.3　沿程水头损失和切应力的关系 ·· 56

4.3.1　均匀流动方程式 ·· 56

4.3.2　圆管过流断面上切应力分布 ·· 57

4.4　圆管中的层流运动 ·· 57

4.4.1 流动特征和速度分布 …………………………………………… 57
4.4.2 沿程水头损失的计算 …………………………………………… 58
4.5 紊流运动 ………………………………………………………………… 59
4.5.1 紊流运动的特征与时均法 ……………………………………… 59
4.5.2 紊流切应力 ……………………………………………………… 61
4.5.3 混合长度理论 …………………………………………………… 62
4.6 紊流的沿程水头损失 …………………………………………………… 63
4.6.1 尼古拉兹实验 …………………………………………………… 63
4.6.2 沿程阻力系数的计算公式 ……………………………………… 66
4.6.3 非圆管的沿程水头损失 ………………………………………… 70
4.7 局部水头损失 …………………………………………………………… 72
4.7.1 局部损失的一般分析 …………………………………………… 72
4.7.2 几种典型的局部阻力系数 ……………………………………… 74
4.7.3 局部阻碍之间的相互干扰 ……………………………………… 77
4.8 边界层概念与绕流阻力 ………………………………………………… 78
4.8.1 边界层概念 ……………………………………………………… 78
4.8.2 曲面边界层及其分离现象 ……………………………………… 80
4.8.3 绕流阻力的计算 ………………………………………………… 81
本章习题 ……………………………………………………………………… 83

第5章 孔口、管嘴出流和有压管道恒定流 ……………………………… 87
5.1 孔口恒定自由出流 ……………………………………………………… 87
5.2 孔口恒定淹没出流 ……………………………………………………… 88
5.3 管嘴出流 ………………………………………………………………… 89
5.3.1 圆柱形外管嘴恒定出流 ………………………………………… 89
5.3.2 收缩断面的真空 ………………………………………………… 90
5.3.3 圆柱形外管嘴的正常工作条件 ………………………………… 90
5.4 有压管流 ………………………………………………………………… 91
5.4.1 短管的水力计算 ………………………………………………… 91
5.4.2 长管的水力计算 ………………………………………………… 94
本章习题 ……………………………………………………………………… 97

第6章 明渠恒定均匀流 …………………………………………………… 101
6.1 明渠均匀流 ……………………………………………………………… 102
6.1.1 明渠均匀流形成的条件及特征 ………………………………… 102
6.1.2 过流断面的几何要素 …………………………………………… 103
6.1.3 明渠均匀流的基本公式 ………………………………………… 103
6.1.4 明渠均匀流的水力计算 ………………………………………… 104
6.1.5 水力最优断面和允许流速 ……………………………………… 104
6.2 无压圆管均匀流 ………………………………………………………… 106
6.2.1 无压圆管均匀流的特征 ………………………………………… 106

6.2.2　过流断面的几何要素 ·· 106

6.2.3　无压圆管的水力计算 ·· 107

6.2.4　最大充满度、允许流速 ·· 107

本章习题 ·· 108

第7章　渗流 ·· 110

7.1　渗流达西定律 ·· 111

7.1.1　达西定律 ·· 111

7.1.2　达西定律的适用范围 ·· 112

7.1.3　渗透系数的确定 ·· 112

7.2　井和集水廊道 ·· 113

7.2.1　井 ·· 113

7.2.2　集水廊道 ·· 115

本章习题 ·· 116

第8章　相似原理和量纲分析 ·· 118

8.1　相似原理 ·· 118

8.1.1　相似概念 ·· 118

8.1.2　相似准则 ·· 119

8.1.3　模型律 ·· 120

8.2　量纲分析 ·· 122

8.2.1　量纲的概念 ·· 122

8.2.2　量纲和谐原理 ·· 123

8.2.3　量纲分析法 ·· 123

本章习题 ·· 126

第9章　流体运动参数的测量 ·· 128

9.1　流速测量 ·· 128

9.1.1　总压管 ·· 128

9.1.2　毕托管 ·· 129

9.1.3　微型螺旋桨式流速仪 ·· 129

9.2　流量测量 ·· 130

9.2.1　文丘里流量计 ·· 130

9.2.2　孔板流量计 ·· 130

9.2.3　量水堰 ·· 130

9.3　压强测量 ·· 131

9.3.1　测压管 ·· 131

9.3.2　水银测压计 ·· 131

9.3.3　弹力测压计 ·· 132

本章习题 ·· 132

第10章　实验 ·· 134

10.1　静水压强实验 ·· 134

10.1.1　实验目的 …………………………………………………………… 134

10.1.2　实验装置 …………………………………………………………… 134

10.1.3　实验原理 …………………………………………………………… 135

10.1.4　实验方法及步骤 ……………………………………………………… 135

10.1.5　注意事项 …………………………………………………………… 136

10.2　有压管沿程水头损失实验 ……………………………………………… 136

10.2.1　实验目的 …………………………………………………………… 136

10.2.2　实验装置 …………………………………………………………… 136

10.2.3　实验原理 …………………………………………………………… 136

10.2.4　实验方法及步骤 ……………………………………………………… 138

10.2.5　注意事项 …………………………………………………………… 138

附录　部分习题参考答案 ………………………………………………… 139

主要参考文献 ……………………………………………………………… 145

第1章 绪　论

教学要求：了解流体力学在土木工程领域的应用；理解作用在流体上的力；掌握流体的主要物理性质；理解流体力学的力学模型。

液体和气体，统称为流体。

流体力学（fluid mechanics）是力学的一个分支，它研究流体静止和运动的力学规律，及其在工程技术中的应用。

流体力学广泛应用于土木工程的各个领域，例如，在建筑工程和桥梁工程中，研究解决风对高耸建筑物的荷载作用和风振问题，要以流体力学为理论基础；进行基坑排水、地基抗渗稳定处理、桥渡设计都有赖于水力分析和计算；建筑给水排水系统和供热、通风及空调系统，都是以流体作为工作介质，通过流体的各种物理作用，对流体的流动有效地加以组织来实现的。可以说，流体力学已成为土木工程各领域共同的专业理论基础。

流体力学不仅用于解决土木工程中的水和气的问题，更能帮助工程技术人员进一步认识土木工程与大气和水环境的关系。大气和水环境对建筑物和构筑物的作用是长期的、多方面的，如台风、洪水通过直接摧毁房屋、桥梁、堤坝，造成巨大的自然灾害；另一方面，兴建大型厂矿、公路、桥梁、隧道、江海堤坝和水坝等，都会对大气和水环境造成不利的影响，导致生态环境恶化，甚至加重自然灾害，这方面国内外已有惨痛的教训。只有处理好土木工程与大气和水环境的关系，做到保护环境，减轻灾害，才能实现国民经济可持续发展。

学习流体力学，要注意对基本概念、基本理论、基本方法的理解和掌握，要学会理论联系实际地分析和解决工程中的各种流体力学问题。

本书主要采用国际单位制，基本单位是：长度用米，代号为 m；时间用秒，代号为 s；质量用千克，代号为 kg；力为导出单位，用牛顿，代号为 N，$1N = 1kg \cdot m/s^2$。

由于我国长期采用工程单位，专业设备上某些量有时仍表示为工程单位，学习者必须注意两种单位的换算，掌握换算的基本关系——$1kgf = 9.8N$。

1.1　作用在流体上的力

研究流体运动规律，首先必须分析作用于流体上的力，力是使流体运动状态发生变化的外因。按力作用方式的不同，分为两类。

1.1.1　质量力

质量力（mass force）是作用在流体的每个质点上的力。质量力的大小与流体的质量成比例。

设在流体中 M 点附近取质量 dm 的微团，其体积为 dV，作用于该微团的质量力为 dF，

则称极限

$$\lim_{\mathrm{d}V \to M} \frac{\mathrm{d}F}{\mathrm{d}m} = f$$

为作用于 M 点的单位质量的质量力，简称为单位质量力，用 f 或 (X, Y, Z) 表示。

设均质体的质量为 m，所受质量力为 $\mathbf{F}$，$\mathbf{F}$ 在 x，y，z 坐标轴上的分量分别为 F_x，F_y，F_z，则单位质量力的轴向分力可表示为

$$\left. \begin{aligned} X &= F_x/m \\ Y &= F_y/m \\ Z &= F_z/m \end{aligned} \right\} \tag{1-1}$$

在国际单位制中，质量力的单位是牛顿，N。单位质量力的单位为 $\mathrm{m/s}^2$，与加速度单位相同。

流体力学中常见的质量力有重力和惯性力，但更普遍情况是流体所受的质量力只有重力，重力 $G = mg$。在惯用的直角坐标系中，Z 轴铅垂向上为正，重力在各向的分力为 $F_x = 0$，$F_y = 0$，$F_z = -mg$，单位质量力轴向分力为

$$X = F_x / m = 0, \quad Y = F_y / m = 0, \quad Z = F_z / m = -g$$

即 $(X, Y, Z) = (0, 0, -g)$。

1.1.2 表面力

表面力（surface force）是通过直接接触，作用在所取的流体表面上的力。在运动流体中，取隔离体为研究对象（图 1-1），周围流体对隔离体的作用以分布的表面力代替。表面力在隔离体表面某一点的大小用应力来表示。

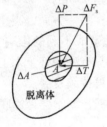

设 A 为隔离体表面上的一点，包含 A 点取微小面积 ΔA 上的总表面力为 ΔF_s，将其分解为法向分力（压力）ΔP 和切向分力 ΔT，则

$$\left. \begin{aligned} \bar{p} &= \frac{\Delta P}{\Delta A} \\ p &= \lim_{\Delta A \to A} \frac{\Delta P}{\Delta A} \end{aligned} \right\} \tag{1-2}$$

式中　$\bar{p}$ ——面积 ΔA 上的平均压应力或平均压强；

图 1-1　表面力　　　　p ——A 点的压应力或压强。

$$\left. \begin{aligned} \bar{\tau} &= \frac{\Delta T}{\Delta A} \\ \tau &= \lim_{\Delta A \to A} \frac{\Delta T}{\Delta A} \end{aligned} \right\} \tag{1-3}$$

式中　$\bar{\tau}$ ——面积 ΔA 上的平均切应力；

τ ——A 点的切应力。

压强（pressure）和切应力（shear stress）的单位为帕斯卡，以 Pa 表示。$1\mathrm{Pa} = 1\mathrm{N/m}^2$。

1.2　流体的主要物理性质

流体的物理性质是决定流体流动状态的内在因素。

1.2.1　流动性

流动性是流体不同于固体的基本特征。什么是流动性？观察流动现象，例如，微风吹过

平静的池水，水面因受气流的摩擦力（沿水面作用的剪切力）作用而波动；斜坡上的水，因受重力沿坡面方向的切向分力而往低处流动……。这些现象表明，流体在静止时不能承受剪切力，或者说任何微小的剪切力作用，流体都将产生连续不断的变形，只要剪切力存在，流动就持续进行，这就是流体的流动性。

1.2.2　惯性

惯性（inertia）是物体所具有的维持原有运动状态的物理性质，主要由质量决定。单位体积流体的质量为流体密度（density）。对于均质流体，设流体的质量 Δm，单位 kg，该质量流体的体积为 ΔV，单位 m^3，则该流体的 ρ 为

$$\rho = \frac{\Delta m}{\Delta V}(\mathrm{kg/m^3}) \tag{1-4}$$

在计算中液体的密度随压强和温度的变化很小，一般可视为常数，如水的密度为 $1000\mathrm{kg/m^3}$，水银的密度为 $13600\ \mathrm{kg/m^3}$。

气体的密度随压强和温度而变化。在一个标准大气压，温度为 $20℃$ 时，干空气的密度为 $1.2\mathrm{kg/m^3}$。

作用于单位体积流体的重量称为容重。对于均质流体，设流体所受的重量 ΔG，单位 N，该流体的体积为 ΔV，单位 m^3，则该流体的容重 γ 为

$$\gamma = \frac{\Delta G}{\Delta V}(\mathrm{N/m^3}) \tag{1-5}$$

容重和密度的重要关系：

$$\gamma = \rho g \tag{1-6}$$

1.2.3　粘性

粘性（viscosity）是流体固有的物理性质，可从两个方面去认识。

1. 粘性现象

观测两块平行平板（图 1-2），其间充满静止流体，两平板间距离 h，以 y 轴为法线方向。保持下平板固定不动，使上平板沿所在平面，以速度 U 运动。于是粘附于上平板表面的一层流体随平板以速度 U 运动，并一层一层地向下影响，各层相继运动，直至粘附于下平板流速为零的流层。在 U 和 h 都较小的情况下，各流层的速度，沿法向 y 方向呈直线分布。

上平板带动粘附在上平板上的流层运动，而且能影响到内部各流层运动，表明内部各流层之间，存在着剪切力，即内摩擦力，这就是流体的粘性。粘性是流体的内摩擦特性。

2. 牛顿内摩擦定律

牛顿（Newton, I. 1643—1727）1687 年在所著《自然哲学的数学原理》中提出，并经后人验证：流体的内摩擦力 T 与速度梯度 $\mathrm{d}u/\mathrm{d}y$ 成比例；与流层的接触面积 A 成比例；与流体的性质有关；与接触面的压力无关，即

$$T = \mu A \frac{\mathrm{d}u}{\mathrm{d}y} \tag{1-7}$$

以应力表示

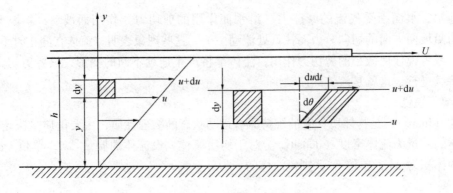

图 1-2 流体的粘性

$$\tau = \mu \frac{\mathrm{d}u}{\mathrm{d}y} \qquad\qquad (1-8)$$

式 (1-7) 和式 (1-8) 称为牛顿内摩擦定律。

式中 $\dfrac{\mathrm{d}u}{\mathrm{d}y}$——流层的速度在法线方向的变化率,称为速度梯度。

当 U 和 h 较小时,$\dfrac{\mathrm{d}u}{\mathrm{d}y} = \dfrac{U}{h}$。为进一步说明该项的物理意义,在距离为 $\mathrm{d}y$ 的上、下两流层间取矩形流体微团 (图 1-2),微团上、下两层的速度相差 $\mathrm{d}u$,经 $\mathrm{d}t$ 时间,微团除发生位移外,还有剪切变形量 $\mathrm{d}\theta$

$$\mathrm{d}\theta \approx \tan\mathrm{d}\theta = \frac{\mathrm{d}u\mathrm{d}t}{\mathrm{d}y}$$

$$\frac{\mathrm{d}u}{\mathrm{d}y} \approx \frac{\mathrm{d}\theta}{\mathrm{d}t} \qquad\qquad (1-9)$$

可知速度梯度 $\dfrac{\mathrm{d}u}{\mathrm{d}y}$ 实为流体微团的剪切变形速度 (剪切应变率)。

μ 是比例系数,称为动力粘度 (dynamic viscosity),简称为粘度,单位 Pa·s。动力粘度是流体粘性大小的度量,同一种流体 μ 值越大,流体的粘性越大。粘度随温度而变化,不同温度下水和空气的粘度见表 1-1、表 1-2。

表 1-1 水的粘度

t (℃)	μ (10^{-3}Pa·s)	ν (10^{-6}m²/s)	t (℃)	μ (10^{-3}Pa·s)	ν (10^{-6}m²/s)
0	1.792	1.792	40	0.656	0.661
5	1.519	1.519	45	0.599	0.605
10	1.308	1.308	50	0.549	0.556
15	1.140	1.140	60	0.469	0.477
20	1.005	1.007	70	0.406	0.415
25	0.894	0.897	80	0.357	0.367
30	0.801	0.804	90	0.317	0.328
35	0.723	0.727	100	0.284	0.296

表 1-2 一个大气压下空气的粘度

t (℃)	μ (10^{-5} Pa·s)	ν (10^{-6} m^2/s)	t (℃)	μ (10^{-5} Pa·s)	ν (10^{-6} m^2/s)
0	1.72	13.7	90	2.16	22.9
10	1.78	14.7	100	2.18	23.6
20	1.83	15.7	120	2.28	26.2
30	1.87	16.6	140	2.36	28.5
40	1.92	17.6	160	2.42	30.6
50	1.96	18.6	180	2.51	33.2
60	2.01	19.6	200	2.59	35.8
70	2.04	20.5	250	2.80	42.8
80	2.10	21.7	300	2.98	49.9

在分析流体运动规律时，粘度 μ 和密度 ρ 经常以比的形式出现，将其定义为运动粘度 ν

$$\nu = \frac{\mu}{\rho} \tag{1-10}$$

式中，运动粘度 ν（kinematic viscosity）的单位为 m^2/s。

由表 1-1、表 1-2 看出，水和空气的粘度随温度变化的规律是不同的，水的粘度随温度升高而减小，空气的粘度随温度升高而增大。这是因为粘性是分子间的吸引力和分子不规则的热运动产生动量交换的结果。温度升高，分子间的吸引力降低，动量交换增大；反之，温度降低，分子间吸引力增大，动量交换减小。对于液体，分子间的吸引力是决定性因素，所以液体的粘度随温度升高而减小；对于气体，分子间的热运动产生的动量交换是决定性因素，所以气体的粘度随温度升高而增大。常见液体的动力粘度 μ 随温度的变化关系，可参见下列公式

$$\mu = \frac{\mu_0}{1 + \alpha(T - 273.15) + \beta(T - 273.15)^2} \tag{1-11}$$

式中　μ_0——$T = 273.15$K 时的动力粘度，Pa·s；

　　α、β——取决于液体种类的系数。例如，对于水，$\alpha = 33.69 \times 10^{-3}$，$\beta = 22.1 \times 10^{-4}$，而 $\mu_0 = 1.792 \times 10^{-3}$ Pa·s。

对于气体（空气）有

$$\mu = [17040 + 56.02(T - 273.15) - 0.1189(T - 273.15)^2] \times 10^{-9} \tag{1-12}$$

牛顿内摩擦定律只适合于一般流体，它对某些特殊流体是不适用的。为此，将在做纯剪切流动时满足牛顿内摩擦定律的流体称为牛顿流体（Newtonian fluid）。如水和空气等，均为牛顿流体。而将不满足该定律的流体称为非牛顿流体（Non-Newtonian fluid）。如泥浆、污水、油漆和高分子溶液等。牛顿流体与非牛顿流体切应力随速度梯度变化关系（图 1-3）。本书仅限于牛顿流体。

【例 1-1】 有一气缸（图 1-4），内壁的直径 $D = 12$cm，

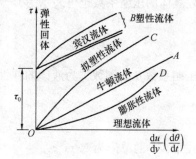

图 1-3　切应力随速度梯度的变化

5

活塞的直径 $d = 11.96$cm，活塞的长度 $l =$
14cm，活塞往复运动的速度为 1m/s，润
滑油液的粘度 $\mu = 0.1$Pa·s。试求作用在
活塞上的粘性力是多少？

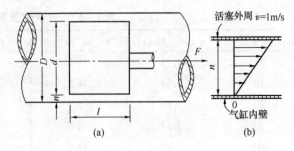

图 1 - 4　活塞运动的粘性阻力

【解】　因粘性作用，粘附在气缸内
壁的润滑油层速度为零，粘附在活塞外周
的润滑油层与活塞速度相同，润滑油层间
因相对运动产生粘性力 T。因间隙很小，
速度近似直线分布。活塞外周的切应力为

$$\tau = \mu \frac{\mathrm{d}u}{\mathrm{d}y} = \mu \frac{U}{n} = \left[0.1 \times \frac{1}{(0.12 - 0.1196)/2} \right] \mathrm{N/m^2} = 5.0 \times 10^2 \mathrm{N/m^2}$$

活塞外周与润滑油的接触面积

$$A = \pi d l = (\pi \times 0.1196 \times 0.14) \mathrm{m^2} = 0.053 \mathrm{m^2}$$

$$T = A\tau = 26.5 \mathrm{N}$$

1.2.4　压缩性和热胀性

流体受压，体积缩小，密度增大的性质，称为流体的压缩性。流体受热，体积膨胀，密
度减小的性质，成为流体的热胀性。

1. 液体的压缩性和热胀性

液体的压缩性，用压缩系数 β 来表示，它表示在一定温度下，压强增加 1 单位，体积的
相对缩小率。设液体的原体积为 V，压强增加 $\mathrm{d}p$ 后，体积减小 $\mathrm{d}V$，则液体的压缩系数为

$$\beta = - \frac{\mathrm{d}V/V}{\mathrm{d}p} \tag{1 - 13}$$

由于液体受压体积缩小，$\mathrm{d}p$ 和 $\mathrm{d}V$ 异号，式中的右侧加负号，保证 β 为正值。液体的 β
值越大，越容易被压缩。β 的单位是 1/Pa。

液体被压缩时，其质量并不改变，即

$$\mathrm{d}m = \mathrm{d}(\rho V) = \rho \mathrm{d}V + V \mathrm{d}\rho = 0$$

得

$$- \mathrm{d}V/V = \mathrm{d}\rho/\rho$$

故液体的压缩系数也可表示为

$$\beta = \frac{\mathrm{d}\rho/\rho}{\mathrm{d}p} \tag{1 - 14}$$

压缩系数 β 的倒数称为液体的弹性模量，用 E 来表示，即

$$E = \frac{1}{\beta} = \frac{\mathrm{d}p}{\mathrm{d}\rho/\rho} = - \frac{\mathrm{d}p}{\mathrm{d}V/V} \tag{1 - 15}$$

式中，E 的单位为 $\mathrm{N/m^2}$。

液体的压缩系数随温度和压强变化，表 1 - 3 列举了水在温度为 0℃、10℃ 和 20℃ 时，

不同压强下水的压缩系数。

表 1-3 水的压缩系数 β（$\times 10^{-9}$/Pa）

压强（at）温度（℃）	5	10	20	40	80
0	0.540	0.537	0.531	0.523	0.515
10	0.523	0.518	0.507	0.497	0.492
20	0.515	0.505	0.495	0.480	0.460

液体的热胀性，用热胀系数 α 来表示，它表示在一定压强下，温度增加 1 单位，体积的相对增加率。设液体的原体积为 V，温度增加 dT 后，体积增大 dV，则液体的热胀系数为

$$\alpha = \frac{dV/V}{dT} = -\frac{d\rho/\rho}{dT} \tag{1-16}$$

式中，α 的单位是 1/K 或 1/℃。

液体的热胀系数随压强和温度变化，水的热胀系数见表 1-4。

表 1-4 水的热胀系数 α（$\times 10^{-4}$/℃）

温度（℃）压强（at）	1~10	10~20	40~50	60~70	90~100
0	0.14	1.50	4.22	5.56	7.19
100	0.43	1.65	4.22	5.48	7.04
200	0.72	1.83	4.26	5.39	

从表 1-3 和表 1-4 看出，水的压缩系数和热胀系数都很小。一般情况下，水的压缩性和热胀性均可忽略不计。只有在某些特殊情况下，例如水击、热水采暖等问题时，才需考虑水的压缩性及热胀性。

2. 气体的压缩性和热胀性

气体与液体不同，具有显著的压缩性和热胀性。温度与压强的变化对气体容重的影响很大。在温度不过低，压强不过高时，气体的密度、压强和温度三者之间的关系，服从理想气体状态方程式。即

$$\frac{p}{\rho} = RT \tag{1-17}$$

式中　p——气体的绝对压强，N/m²；

　　　ρ——气体的密度，kg/m³；

　　　T——气体的热力学温度，K；

　　　R——气体常数，J/(kg·K)，在标准状态下，$R = 8314/M$ J/(kg·K)；

　　　M——气体的分子量。如标准状态下空气的气体常数 $R = 287$ J/(kg·K)。

当气体在很高的压强，或很低的温度，或接近液态时，不能当作理想气体看待，式（1-17）不再适用。

1.2.5 液体的表面张力特性和毛细管现象

在液体内部，液体分子之间的内聚力是相互平衡的，但在液体与气体交界的自由面上，

内聚力之间不能平衡，液体表面侧的内聚力力图使自由面收缩，从而在自由面上形成张紧的分子膜。在两种不相混合的液体之间的分界面上也会因同样原因形成张紧的分子膜。所谓表面张力就是指这种分子膜中的拉力。显然一种液体表面张力的大小与它和何种流体组成的交界面有关。液体与空气组成的交界面时，该液体的表面张力 σ 方向与自由液面相切并与所取面元边缘相垂直，σ 的大小是指所取面元单位边缘长度上的拉力，单位 N/m。

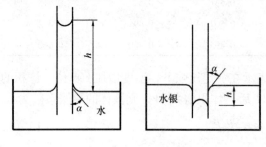

图 1 – 5　毛细管现象示意图

毛细管现象是表面张力作用的一种现象，在流体力学实验中所使用的测量仪器中经常遇到。在液体中插入一根竖直的细管，于是将产生管内液体上升或下降的情况，称为毛细管现象（图 1 – 5）。如液体（水）能够浸湿内壁管，管内液体将上升 h 高度，液面呈凹形；反之如液体（水银）不能浸湿内壁管，管内液体将下降 h 高度，液面呈凸形。

毛细管内液面上升或下降的高度 h，与液体的表面张力 σ、毛细管半径 r、液体的容重 γ 有关，可用下式计算得到：

$$h = \frac{2\sigma\cos\alpha}{\gamma \cdot r} \qquad\qquad (1-18)$$

式中　α——接触角。

1.2.6　抗压性

流体能够承受压力的特性就是流体抗压性。流体具有较强的抗压性，这个特性和流动性相结合，使我们能够利用水压推动水力发电机，利用蒸汽压力推动汽轮发电机，利用液压、气压传动各种机械。

1.3　流体的力学模型

客观上存在的实际流体，物质结构和物理性质是非常复杂的。如果全面考虑它的所有因素，将很难提出它的力学关系式。为此，在分析考虑流体力学问题时，根据抓主要矛盾的观点，建立力学模型，对流体加以科学抽象，简化流体的物质结构和物理性质，以便于列出流体运动规律的数学方程式。这种研究问题的方法，在固体力学中常采用，例如缸体、弹性体等等。所以力学模型的概念具有普遍意义。下面介绍三个主要的流体力学模型。

1.3.1　连续介质模型

流体力学的研究对象是流体，从微观角度来看，流体是由大量的分子构成的，由于分子间是离散的，流体的物理量在空间是不连续的，又由于分子的随机运动，在空间任一点上，流体的物理量随时间的变化也是不连续的，因此以分子作为流动的基本单元来研究流体的运动是极为困难的。

流体力学研究流体宏观机械运动规律。1755 年瑞士的数学家和力学家欧拉（Euler, L. 1707—1783）首先提出，把流体当作是由密集质点构成的、内部无间隙的连续体来研究，这就是连续介质（continuum medium）模型。连续介质模型，是对流体物质结构的简化，它的意义在于分析问题时有两个便利之处：第一，不必考虑流体复杂的微观分子运动，只考虑在外力作用下的流体宏观机械运动；第二，能应用数学分析中的连续函数工具。因此，本教程分析流体问题时均采用连续介质模型。

1.3.2　无粘性流体模型

无论液体或气体，都是有粘性的。粘性的存在，给流体运动规律的研究带来极大的困难。为了简化理论分析，特引入无粘性流体的概念，所谓无粘性流体（inviscid fluid），是指无粘性即 $\mu=0$ 的流体。无粘性的流体实际上是不存在的，它是一种对流体物性简化的力学模型，因此无粘性流体也称为理想流体（ideal fluid）。

由于无粘性流体不考虑粘性，所以对流动的分析大为简化，从而容易得出理论分析的结果。所得结果，对某些粘性影响很小的流动，能够较好地符合实际；对粘性影响不能忽略的流动，则可通过实验加以修正，从而比较容易地解决许多实际流动问题。这是处理粘性流体运动问题的一种有效方法。

1.3.3　不可压缩流体模型

实际流体都是可压缩的，然而有许多流动，流体的密度变化很小，可以忽略，由此引出不可压缩流体的概念。所谓不可压缩流体，是指密度不变化的流体，即 $\rho=$ 常数。不可压缩流体（incompressible fluid）是一理想化的力学模型。

液体的压缩性很小，在相当大的压强变化范围内，密度几乎不变，因此，一般液体的平衡和运动问题，采用不可压缩流体模型。气体在大多数情况下，当气流速度远小于声速（约340m/s）时，气体的密度没有明显的变化，也可采用不可压缩流体模型。只有在某些情况下，例如气体的速度接近音速或超音速时，才必须用可压缩流体模型。

本章习题

选择题（单选题）

1.1　作用于流体的质量力包括：（a）压力；（b）摩擦力；（c）重力；（d）表面张力。

1.2　单位质量力的国际单位是：（a）m^2/s；（b）m/s^2；（c）Pa；（d）N。

1.3　与牛顿内摩擦定律直接有关的因素是：（a）压强、速度和粘度；（b）压强、速度和剪切变形；（c）切应力、温度和速度；（d）粘度、切应力与剪切变形速度。

1.4　水的动力粘度随温度的升高：（a）增大；（b）减小；（c）不变；（d）不定。

1.5　流体运动粘度 ν 的单位是：（a）m^2/s；（b）N/m；（c）kg/m；（d）N·s/m。

1.6　牛顿流体是指：（a）可压缩流体；（b）不可压缩流体；（c）满足牛顿第二定律的流体；（d）满足牛顿内摩擦定律的流体。

1.7　连续介质模型既可摆脱研究流体分子运动的复杂性，还有何种作用？（a）不考虑流体的压缩性；（b）不考虑流体的粘性；（c）运用高等数学中连续函数理论分析流体运动；（d）不计及流体的内摩擦力。

1.8　理想流体的特征是：（a）密度为常数；（b）粘度不变；（c）无粘性；（d）不可压缩。

计算题

1.9　水的容重 $\gamma=9.71\text{kN/m}^3$，$\mu=0.599\times10^{-3}\text{Pa·s}$，求它的运动粘度 ν。

1.10　水的密度 $\rho=1000\text{ kg/m}^3$，2L 水的质量和重量是多少？

1.11　气体体积不变，温度从0℃上升到100℃时，气体绝对压强变为原来的多少倍？

1.12　在大气压强的作用下，空气温度为180℃时的容重和密度为多少？

1.13　温度为20℃的空气，在直径为2.5cm的管中流动，距管壁1mm处的空气速度为3cm/s。求作用于单位长度管壁上的粘性力为多少？

1.14　以水平方向运动的平板（图1-6），平板与固体壁面间间距为1mm，流体的动力粘度为0.1Pa·s，以50N的力拖动，速度为1m/s，平板的面积是多少？

1.15　一底面积为40cm×45cm，厚为1cm的木块，质量为5kg，沿着有润滑油的斜面等速向下运动（图1-7）。已知速度$v=1$m/s，$\delta=1$mm，求润滑油的动力粘度。

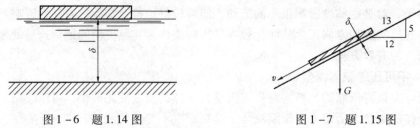

图1-6　题1.14图　　　　　　　　　　图1-7　题1.15图

1.16　体积为5m³水，在温度不变的情况下，当压强从10^5Pa增加到5×10^5Pa时，体积减少1L，求水的压缩系数及弹性模量。

第 2 章　流体静力学

教学要求： 理解流体的静压强特性；掌握流体静压强的分布规律、计算基准、度量单位以及计算方法；掌握作用在平面上和曲面上的液体静压力的计算方法。

流体静力学（fluid statics）是流体力学的一部分，它研究流体处于静止（包括相对静止）时的力学规律及其在工程技术上的应用。当流体处于静止或相对静止时，各质点之间均不产生相对运动，因而流体的粘性不起作用。所以，研究流体静力学采用无粘性流体的力学模型。

2.1　流体静压强特性

流体的静压强具有两个特性：

（1）流体静压强方向与作用面的内法线方向一致。

（2）静压强的大小与其作用面的方向无关。

证明第一个特性（图 2-1），在流体表面，任一点的压强 p 的方向若不是沿作用面的法向方向，则 p 可将其分解为法向应力 p_n 和切向应力 τ。因为静止流体不能承受切力，故 p 的方向只能与作用面的法线方向一致；又因为静止流体不能承受拉力，故 p 的方向只能是作用面的内法线方向。

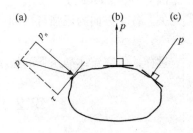

图 2-1　静止流体中压强的方向

静压强的第二个特征证明如下。

在静止的流体中任取一个包括 O 点在内的微小四面体 $OABC$（图 2-2），将 O 点设为坐标原点，取正交的三个边长分别为 dx、dy、dz 与 x、y、z 坐标轴重合。

作用于微小四面体 $OABC$ 上的表面力只有压力，分别用 P_x、P_y、P_z、P_n 表示，则

$$P_x = p_x \frac{1}{2} dy dz$$

$$P_y = p_y \frac{1}{2} dz dx$$

$$P_z = p_z \frac{1}{2} dx dy$$

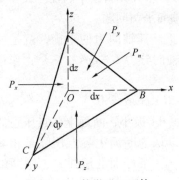

图 2-2　静微元四面体

作用于微小四面体 $OABC$ 上的质量力，分别用 F_x、F_y、

11

F_z 表示。设单位质量力在 x、y、z 轴的分力分别为 X、Y、Z，则

$$F_x = \rho \cdot \frac{1}{6}\mathrm{d}x\mathrm{d}y\mathrm{d}z \cdot X$$

$$F_y = \rho \cdot \frac{1}{6}\mathrm{d}x\mathrm{d}y\mathrm{d}z \cdot Y$$

$$F_z = \rho \cdot \frac{1}{6}\mathrm{d}x\mathrm{d}y\mathrm{d}z \cdot Z$$

因微小四面体静止，则 $\Sigma F_x = 0$，$\Sigma F_y = 0$，$\Sigma F_z = 0$。
以 x 轴为例，$\Sigma F_x = 0$ 得

$$P_x - P_n\cos(n \cdot x) + F_x = 0$$

将上面有关的各式代入后，得

$$\frac{1}{2}p_x\mathrm{d}y\mathrm{d}z - p_n\mathrm{d}A \cdot \cos(n \cdot x) + \frac{1}{6}\rho\mathrm{d}x\mathrm{d}y\mathrm{d}z \cdot X = 0$$

式中　　$(n \cdot x)$——倾斜面 ABC 外法线方向 n 与 x 轴方向的夹角，$\mathrm{d}A \cdot \cos(n \cdot x) = \frac{1}{2}\mathrm{d}y\mathrm{d}z$，

略去高阶无穷小量，化简移项得：

$$p_x = p_n$$

同理，y、z 轴方向的作用力之和均分别为零，可得

$$p_y = p_n,\ p_z = p_n$$

由此可得　　　　　　　　$$p_x = p_y = p_z = p_n$$

因为 O 点和 n 的方向是任选的，故静止流体内任一点上，静压强的大小与作用面的方位无关。各个方向的压强可用同一符号 p 表示，p 只是该点空间位置的函数，即

$$p = p(x,y,z) \tag{2-1}$$

这样，研究流体静压强的根本问题即研究流体静压强的分布规律问题。

2.2　流体静压强的分布规律

根据静止流体质量力只有重力的这个特点，研究静止流体压强分布规律。

2.2.1　流体静压强的基本方程

在静止液体中，任意取出一倾斜放置的微小圆柱体，微小圆柱体长为 Δl，端面积为 $\mathrm{d}A$，并垂直于柱轴线（图 2-3）。研究倾斜微小圆柱体在质量力和表面力共同作用下的轴向平衡问题。

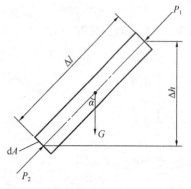

　　由于倾斜微小圆柱静止，其轴向力的平衡，就是两端面压力 P_1、P_2 及重力的轴向分力 $G \cdot \cos\alpha$ 三个力作用下的平衡。即

$$P_1 - P_2 - G \cdot \cos\alpha = 0$$

由于微小圆柱体断面积 $\mathrm{d}A$ 极小，断面上各点压强的变化可以忽略不计，即可以认为断面上各点压强是相等的。设圆柱上端面的压强 p_1，下端面的压强 p_2，则两端面的压力为 $P_1 = p_1\mathrm{d}A$ 及 $P_2 = p_2\mathrm{d}A$，而圆柱体受的重力为

图 2-3　流体内微小圆柱的平衡

$G = \rho g \Delta l \mathrm{d} A$。代入上式得:

$$p_1 \mathrm{d} A - p_2 \mathrm{d} A + \rho g \Delta l \mathrm{d} A \cdot \cos\alpha = 0$$

消去 $\mathrm{d} A$,并由于 $\Delta l \cdot \cos \alpha = \Delta h$,经过整理得:

$$p_2 - p_1 = \rho g \Delta h$$

将上式压差关系改写成压强关系式,则为

$$p_2 = p_1 + \rho g \Delta h \qquad (2-2)$$

从式(2-2)的推证看出,倾斜微小圆柱体的断面是任意选取的。因此,可以得出普遍关系式:压强随深度的增加而不断增加,而深度增加的方向就是静止液体的质量力——重力作用的方向。所以,压强增加的方向就是质量力的作用方向。

现在,把压强关系式应用于求静止液体内某一点的压强(图 2-4)。设液面压强为 p_0,液体密度为 ρ,该点在液面下深度为 h,则得

$$p = p_0 + \rho g h \qquad (2-3)$$

式(2-3)就是液体静力学的基本方程式。它表示静止液体中,压强随深度按线性增加的规律。

静压强的大小与容器的形状无关。盛有相同液体的容器(图 2-5),各容器的形状不同,液体的重量不同,当只要深度相同,由式(2-3)知容器底部的压强相同,但各容器的重量是不同的。

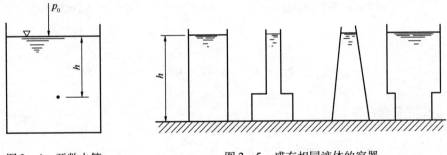

图 2-4 开敞水箱　　　　　图 2-5 盛有相同液体的容器

2.2.2 等压面

压强相等的空间点构成的面称为等压面(equipressure surface)。

在盛有同种液体的容器中,由式(2-3)中可知,深度相同的各点,压强也相同,这些深度相同的点所组成的面是一个水平面,可见水平面上压强处处相等。因此得出结论:水平面是等压面。

两种密度不同互不混合的液体,在同一容器中处于静止状态,密度大的液体在下,密度小的液体在上,两种液体之间形成分界面。这种分界面既是水平面又是等压面。

静止的液体和气体接触的自由面,受到相同的气体压强,所以,自由面是分界面的一种特殊形式。它既是等压面,也是水平面。

这里需要指出:水平面是等压面只适合于静止、同种、连续液体。图 2-6(a)中 a 和 b 两点,虽属静止和同种,但不连续,所以在同一个水平面上的 a、b 两点压强不相等。又如图中 b、c 两点,虽属静止、连续,但不同种,所以,同在一个水平面上的 b、c 两点压强也不相等。又如图 2-6(b)中的 d、e 两点,虽属同种、连续,但不静止,管中是流动的

液体，所以在同一个水平面上的 d、e 两点压强也不相等。

2.2.3 流体静压强的分布规律

液体静力学基本方程式（2-3），还可以表示为另一种形式，设水箱水面压强为 p_0（图2-7），水中1、2点到任选基准面 0-0 的高度为 z_1 及 z_2，压强为 p_1 及 p_2，将式中的深度改为高差后得

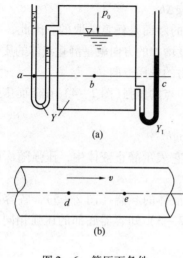

(a)

(b)

图 2-6 等压面条件

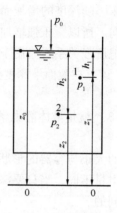

图 2-7 液体静压强
力学方程推证

$$p_1 = p_0 + \rho g(z_0 - z_1)$$
$$p_2 = p_0 + \rho g(z_0 - z_2)$$

上式除以 ρg，并整理后得

$$z_1 + \frac{p_1}{\rho g} = z_0 + \frac{p_0}{\rho g}$$

$$z_2 + \frac{p_2}{\rho g} = z_0 + \frac{p_0}{\rho g}$$

两式联立得

$$z_1 + \frac{p_1}{\rho g} = z_2 + \frac{p_2}{\rho g} = z_0 + \frac{p_0}{\rho g}$$

水中1、2点是任选的，故可将上述关系式推广到整个液体，得出具有普遍意义的规律。即

$$z + \frac{p}{\rho g} = c \qquad\qquad (2-4)$$

式中　p——静止流体内某点的压强，Pa；

　　　z——该点的位置相对于基准面的高度，m；

　　　ρ——流体的密度，kg/m^3；

　　　c——常数。

式（2-4）是液体静力学基本方程式的另一种形式，称为静压强分布规律。它表示在

同一种静止液体中，任一点 $z + \dfrac{p}{\rho g}$ 总是一个常数。

2.2.4　测压管水头

现在讨论静压强分布规律 $z + \dfrac{p}{\rho g} = c$ 的物理意义（图 2-8）。

1. 位置水头

z 是测点距基准面的高度，称为位置高度或位置水头（elevation head），其物理意义是单位重量的流体具有的、相对于基准面的位置势能，简称为位能。

2. 测压管高度或压强水头

一端和液体中某点相连，另一端和大气相通的管子为测压管。当液体中某一点压强大于大气压时，第二项 $p/\rho g$ 为在该点压强差作用下沿测压管所能上升的高度 h_{p}，即

$$h_{\mathrm{p}} = \frac{p}{\rho g}$$

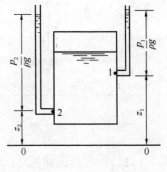

图 2-8　测压管水头

故 h_{p} 称为测压管高度或压强水头（pressure head）。其物理意义是单位重量的流体具有压强势能，简称为压能。

3. 测压管水头

$z + \dfrac{p}{\rho g}$ 称测压管水头（piezometric head），用符号 H_{p} 表示，它表示测压管相对于基准面的高度。其物理意义是单位重量的势能。

$H_{\mathrm{p}} = z + \dfrac{p}{\rho g} = c$，表示单位重量流体的总势能为常数。亦即表示同一容器的静止液体中，所有各点的测压管水头均相等。在同一容器的静止液体中，所有各点的测压管水面必然在同一水平面上。

2.3　压强的计算基准和度量单位

2.3.1　计算基准

流体中某一点或某一空间点的压强值的大小，可因起算的基准不同而不同。

绝对压强（absolute pressure）以无气体分子存在的完全真空为零点起算的压强，以符号 p' 表示。相对压强（relative pressure）是以当地同高程的大气压强为零点起算的压强，以符号 p 表示。绝对压强和相对压强之间相差一个当地大气压（图 2-9）。

$$p = p' - p_{\mathrm{a}} \tag{2-5}$$

某一点的绝对压强只能是正值，不可能出现负值。但是，某一点的相对压强可能大于大气压强，也可能小于大气压强，因此，相对压强可正可负。当相对压强为正值时，称该压强为正压（即压力表读数），为负值时，称为负压。负压的绝对值又称为真空度（vacuum pressure），即真空表读数，以 p_{v} 表示。即 $p < 0$ 时

$$p_{\mathrm{v}} = p_{\mathrm{a}} - p' = -p \tag{2-6}$$

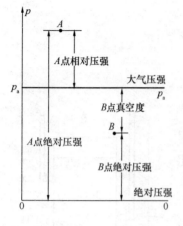

图 2-9 压强基准

通常，工程结构、工业设备都处在当地大气压的作用下，采用相对压强计算，可使计算简化。

此外，绝大部分测量压强的仪表，都是与大气相通的或者处于大气压的环境中，因此工程技术中广泛采用相对压强。相对压强又称为表压强。本书中如不特别说明，均指相对压强。

同高程的大气压的相对压强为0。计算液体相对压强时，可以将同高程的大气压强为0简化为液面大气压为0起算。则开口容器液面下某点的相对压强简化为

$$p = \rho g h \qquad (2-7)$$

这就是实际工程中最常用的计算公式。

【例 2-1】 有一露天水池，试求液面开敞容器中，水深5m处的相对压强和绝对压强，已知当地大气压为98kPa。

【解】 由式（2-7）得

$$p = \rho g h = 1000 \, \text{kg/m}^3 \times 9.8 \, \text{m/s}^2 \times 5\text{m} = 49000\text{Pa}$$

由式（2-5）得

$$p' = p_a + p = 98000\text{Pa} + 49000\text{Pa} = 147000\text{Pa}$$

【例 2-2】 某点的真空度 $p_v = 4000\text{Pa}$，试求该点的相对压强和绝对压强，已知当地大气压为 0.1MPa。

【解】 $$p = -p_v = -4000\text{Pa}$$

由式（2-6）得

$$p' = p_a - p_v = 0.1 \times 10^6\text{Pa} - 4000\text{Pa} = 6000\text{Pa}$$

2.3.2 压强的度量单位

常用的压强单位有以下3种。

（1）应力单位。即单位面积上的力，以符号 Pa 表示，或直接用 N/m²。压强较大时，常用 kPa（千帕，$1\text{kPa} = 10^3\text{Pa}$）、MPa（兆帕，$1\text{MPa} = 10^6\text{Pa}$）表示。

（2）大气压单位。使用大气压的倍数来表示。国际上规定标准大气压用符号 atm 表示，$1\text{atm} = 101325\text{Pa}$。工程界常采用工程大气压，用符号 at 表示，$1\text{at} = 1\text{kgf/cm}^2 = 98000\text{N/m}^2$。

（3）液柱单位。常用水柱高度或汞柱高度来表示，其单位为 mH_2O、mmH_2O 或 mmHg，这种单位是由 $p = \rho g h$ 改为 $h = p/\rho g$ 表达的，因此液柱高度也可以表示压强，例如一个标准大气压相应的水柱高度为

$$h = \frac{101325 \, \text{N/m}^2}{1000 \, \text{kg/m}^3 \times 9.8 \, \text{m/s}^2} = 10.33\text{m}$$

又如一个工程大气压相应的水柱高度为

$$h' = \frac{98000 \, \text{N/m}^2}{1000 \, \text{kg/m}^3 \times 9.8 \, \text{m/s}^2} = 10\text{m}$$

只要知道液柱密度 ρ，h 和 p 的关系，压强的单位可以相互转换。压强的上述三种量度单位是我们经常用到的，不仅要求读者熟记，而且要求能灵活掌握应用。

几种计量单位的换算关系见表 2-1。

表 2 - 1　压强单位的换算表

压强单位	Pa(N/m^2)	mH$_2$O	at	atm	mmHg
换算关系	9800	1	0.1	9.67×10^{-2}	73.5
	98000	10	1	0.967	735
	101325	10.33	1.033	1	760
	133.28	1.36×10^{-2}	1.36×10^{-3}	1.316×10^{-3}	1

2.4　作用于平面的液体压力

在工程实践中，不仅需要掌握静止流体压强分布规律及任一点处压强的计算，有时也需要解决作用在结构物表面上的流体静压力问题。下面我们主要讨论静止液体对固体边壁的作用力的大小、方向和作用点的求解方法。

2.4.1　解析法

1. 总静压力的大小和方向

设有一与水平面成夹角为 α 的任意形状的斜平面，面积为 A，其左侧受水压力，水面压强为大气压（图 2 - 10），我们把斜平面绕 oy 轴转 90°，受压斜平面图形就在 xy 面上清楚地表现出来。而受压面的延长面与水平液面的交线，即是 x 轴。

设在受压平面上任取微小面积 dA，其中心点在液面下的深度为 h，采用相对压强计算，则作用在微小面积上的静压力为

$$dP = pdA = \rho ghdA = \rho g\sin \alpha ydA$$

作用在整个受压面上的一系列同向平行力，根据平行力系求和原理，总静压力即

$$P = \int dP = \int_A pdA = \rho g\sin \alpha \int_A ydA$$

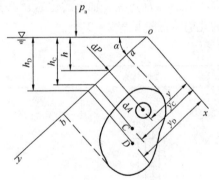

$\int_A ydA$ 为受压面积 A 对 x 轴的静面矩，将 $\int_A ydA = y_CA$ 带入上式，平面上的静压力为

图 2 - 10　平面上总静压力

$$P = \rho g\sin \alpha y_CA = \rho gh_CA = p_CA \qquad (2 - 8)$$

式中　h_C ——受压面形心在水面下的淹没深度，m；

　　　p_C ——受压面形心点的静压强，Pa；

　　　A ——受压面积，m^2。

上式表明，作用在任意位置、任意形状平面上的总静压力值等于受压面面积与其形心点所受水静压强的乘积。总静压力的方向沿受压面的法线内法向。

2. 总静压力的作用点

关于总静压力的作用点（压力中心），由于压强与水深成直线变化，深度较大的地方压强较大，所以，压力中心 D 在 y 轴上的位置必然低于形心 C。确定 D 点的位置，利用各微小面积 dA 上的静压力 dP 对 x 轴的力矩之总和等于整个受压面上的总静压力 P 对 x 轴的力矩这一原理求得。即

$$Py_D = \int dP \cdot y = \int_A \rho g y^2 \sin \alpha dA = \rho g \sin \alpha \int_A y^2 dA$$

$\int_A y^2 dA$ 是受压面 A 对 x 轴的惯性矩，$\int_A y^2 dA = J_x$ 代入上式得

$$Py_D = \rho g \sin \alpha \cdot J_x$$

将式（2-8）代入上式简化，得

$$y_D = \frac{J_x}{y_C A}$$

因为 $J_x = J_C + y_C^2 A$，代入上式得

$$y_D = \frac{J_x}{y_C A} = \frac{J_C + y_C^2 A}{y_C A} = y_C + \frac{J_C}{y_C A} \tag{2-9}$$

式中　y_D——总静压力的作用点沿 y 轴方向至液面交线的距离，m；

　　　y_C——受压面形心沿 y 轴方向至液面交线的距离，m；

　　　J_C——受压面对通过形心且平行于液面交线轴的惯性矩，m^4；

　　　A——受压面的面积，m^2。

式中，$\frac{J_C}{y_C A} > 0$，故 $y_D > y_C$，即总静压力的作用点 D 总是低于形心 C。

压力中心在 x 轴上的坐标取决于平面形状。在实际工程中，受压面常是对称于 y 轴的，则压力中心 D 点在 x 轴上的位置就必然在平面的对称轴上，无需进行计算。常见平面图形的几何特征量见表 2-2。

表 2-2　常见平面图形的几何特征量

几何图形名称	面积 A	形心坐标 l_c	对通过形心轴的惯性矩 J_C
矩形 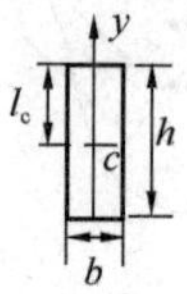	bh	$\frac{1}{2}h$	$\frac{1}{12}bh^3$
三角形 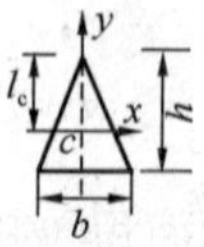	$\frac{1}{2}bh$	$\frac{2}{3}h$	$\frac{1}{36}bh^3$
半圆 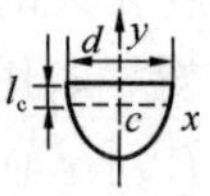	$\frac{\pi}{8}d^2$	$\frac{4r}{3\pi}$	$\frac{(9\pi^2 - 64)}{72\pi}r^4$

几何图形名称	面积 A	形心坐标 l_c	对通过形心轴的惯性矩 J_C
梯形 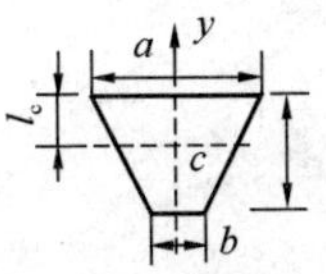	$\dfrac{h}{2}(a+b)$	$\dfrac{h}{3} \cdot \dfrac{(a+2b)}{(a+b)}$	$\dfrac{h^3}{36} \cdot \left[\dfrac{a^2+4ab+b^2}{a+b} \right]$
圆形 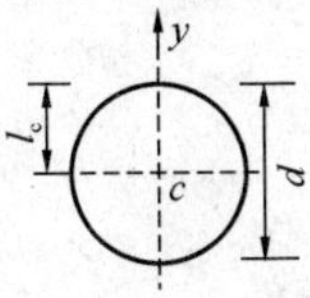	$\dfrac{\pi}{4}d^2$	$\dfrac{d}{2}$	$\dfrac{\pi}{64}d^4$
椭圆 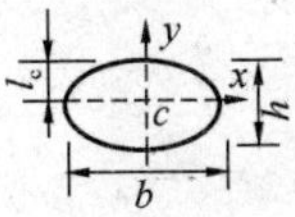	$\dfrac{\pi}{4}bh$	$\dfrac{h}{2}$	$\dfrac{\pi}{64}bh^3$

2.4.2　图解法

求解矩形平面上的静压力的问题，采用图解法不仅能直接反映力的实际分布，而且有利于对受压结构物进行结构计算。使用图解法，需先绘出静压强分布图，然后根据它来计算静压力。

1. 静压强分布图

静压强分布图（diagram of pressure distribution）是在受压面承压的一侧，根据静压强基本方程，直接绘在受压面上表示各点压强大小及方向的图形，它是液体静压强分布规律的几何图示。对于与大气连通的容器，液体的相对压强 $p = \rho g h$，压强随水深成直线分布。只要把受压面上、下两点的压强用线段绘出，中间用直线相连，就得到相对压强分布图（图2-11）。

2. 图解法

现在，根据作用于平面总静压力公式，对高为 h，宽为 b，顶边恰在水面的铅直矩形平面（图2-12），应用相对压强分布图计算总静压力。则

$$P = p_c A = \rho g h_c bh = \rho g \frac{h}{2} bh = \frac{1}{2}\rho g h^2 b$$

式中，$h_c = y_c$，$\frac{1}{2}\rho g h^2$ 恰为相对压强分布图三角形的面积，用 Ω 表示，故上式可写成

$$P = \Omega b = V_T \tag{2-10}$$

上式指出，作用于平面的静压力等于相对压强分布图形的体积 V_T。这个体积是以压强分布图形面积 Ω 为底面积乘以矩形宽度 b 为高所成。

P 的作用点，通过静压强分布图的形心并位于矩形受压面图形的对称轴上。图2-12情

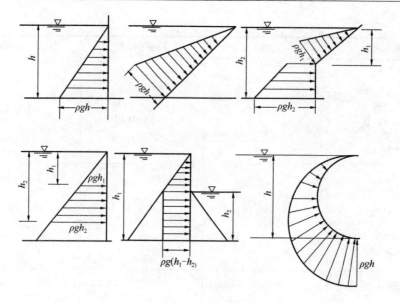

图 2-11　静压强分布图

况下，D 点在对称轴上，并位于水面下的 $\dfrac{2}{3}h$ 处，即 $y_D = \dfrac{2}{3}h$。

【例 2-3】　一矩形闸门（图 2-13），高 $h = 3\text{m}$，宽 $b = 4\text{m}$，闸门顶部距水面的深度 $h_1 = 1\text{m}$，求闸门受到的静压力的大小及作用点。

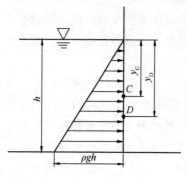

图 2-12　平面总压力（图解法）

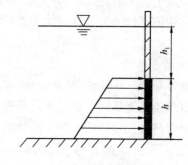

图 2-13　矩形闸门

【解】　根据静压强分布规律，绘出闸门的相对压强分布图（图 2-13）。静压力的作用点为 D，距液面的高度为 y_D。

（1）用解析法

由式（2-8），计算静压力的大小为

$$P = p_C A = \rho g h_C A = \left[1000 \times 9.8 \times \left(1 + \frac{3}{2} \right) \times 4 \times 3 \right] \text{N} = 294000\text{N} = 2.94 \times 10^5 \text{N}$$

由式（2-9）可知，静压力的作用点为

$$y_D = y_C + \frac{J_C}{y_C A} = \left[\left(1 + \frac{3}{2} \right) + \frac{\frac{1}{12} \times 4 \times 3^3}{\left(1 + \frac{3}{2} \right) \times 4 \times 3} \right] \text{m} = 2.8\text{m}$$

（2）用图解法

$$P = \Omega b = \frac{1}{2}\rho g \left[h_1 + (h_1 + h) \right] h \cdot b$$

$$= \left[\frac{1}{2} \times 1000 \times 9.8 \times (1 + 4) \times 3 \times 4 \right] N = 294000N = 2.94 \times 10^5 N$$

静压强的作用点根据压强分布图的形心确定，从表 2 - 2 得

$$y_D = h_1 + \frac{h(a + 2b)}{3(a + b)}$$

这里 $h = 3m$，$a = h_1 \rho g$，$b = (h_1 + h)\rho g$

$$y_D = h_1 + \frac{h[h_1 + 2(h_1 + h)]\rho g}{3[h_1 + (h_1 + h)]\rho g} = \left[1 + \frac{3(1 + 2 \times 4)}{3(1 + 4)} \right] m = 2.8m$$

2.5　作用于曲面的液体压力

2.5.1　曲面上的液体压力

作用于任意曲面上各点处的液体静压强总是沿着作用面的内法线方向，由于曲面各点的内法线方向各不相同，彼此互不平行也不一定相交于一点，因此，不能采用求平面静压力直接积分的方法求和，通常将静压力分解为水平方向分力和铅直方向的分力分别计算，然后把分力合成。下面以二维曲面为例，具体说明。

设柱曲面 AB（图 2 - 14），母线垂直于图面，曲面 AB 的面积为 A，一侧承压。选坐标系，令 xoy 平面与液面重合，oz 轴向下。

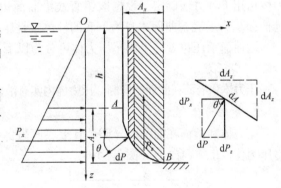

在曲面上沿母线方向任取条形微元面 dA，微元面 dA 上的静压力 dP 分解为水平分力和铅直分力。

$$dP_x = dP\cos\theta = \rho gh dA\cos\theta = \rho gh dA_z$$

$$dP_z = dP\sin\theta = \rho gh dA\sin\theta = \rho gh dA_x$$

式中　dA_z——dA 面在铅直面上的投影；

　　　dA_x——dA 面在水平面上的投影。

图 2 - 14　曲面上的静压力

总压力的水平分力

$$P_x = \int dP_x = \rho g \int_{A_z} h dA_z$$

积分 $\int_{A_z} h dA_z$ 是曲面的铅直投影面 A_z 对 oy 轴的静面矩，$\int_{A_z} h dA_z = h_C A_z$，代入上式，得

$$P_x = \rho g \int_{A_z} h dA_z = \rho g h_C A_z = p_C A_z \qquad (2 - 11)$$

式中　P_x——曲面的总压力的水平分力，N；

　　　A_z——曲面的铅直投影面积，m^2；

　　　h_C——投影面积 A_z 形心点距压强为零液面的铅直高度，m；

p_C——投影面积 A_z 形心点的压强，Pa。

式（2-11）表明，液体作用在曲面 AB 上的总压力的水平分力，等于作用在该曲面的铅直投影面上的压力。

总压力的铅直分力

$$P_z = \int dP_z = \rho g \int_A h dA_x = \rho g V \qquad (2-12)$$

$\int_{A_x} h dA_x = V$ 是曲面到自由液面（或延伸面）之间的铅直柱体，称为压力体（pressure volume）。上式表明，液体作用在曲面上的总压力的铅直分力，等于压力体的重量。

液体作用在曲面上的总压力则为

$$P = \sqrt{P_x + P_z} \qquad (2-13)$$

总压力作用线与水平面的夹角

$$\alpha = \arctan \frac{P_z}{P_x} \qquad (2-14)$$

过 P_x 作用线（通过 A_z 压强分布图的形心）和 P_z 作用线（通过压力体的形心）的交点，作与水平面成 α 角的直线就是总压力的作用线，该线与曲面的交点即为总压力作用点。

2.5.2 压力体

式（2-12）中，积分 $\int_{A_x} h dA_x = V$ 表示的几何体积称为压力体（pressure volume）。压力体可用下列方法确定：设想取铅直线沿曲面边缘平行移动一周，割出的以自由液面（或延伸面）为上底，曲面本身为下底的柱体就是压力体。

因曲面承压位置的不同，压力体可分为以下几种情况。

1. 实压力体

压力体和液面在曲面的同侧。压力体内实有液体，称为实压力体，P_z 方向向下（图2-15）。

2. 虚压力体

压力体和液面在曲面的异侧。其上底面为自由液面的延伸面，压力体内没有液体，称为虚压力体，P_z 方向向上（图2-16）。

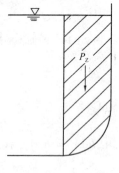
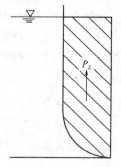

图2-15 实压力体   图2-16 虚压力体

3. 压力体叠加

对于水平投影重叠的曲面，可分段确定压力体，然后相叠加（图2-17），半圆柱面 ABC 的压力体，分别按曲面 AB、BC 确定，叠加后得到虚压力体，P_z 方向向上。

【例 2 - 4】　储水容器上有三个半球形盖（图 2 - 18）。已知 $H = 2.5\text{m}$，$h = 1.5\text{m}$，半径 $R = 0.5\text{m}$，求作用于三个半球形盖的静压力的水平分力和铅直分力。

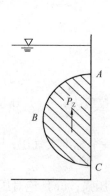

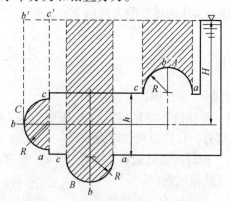

图 2 - 17　压力体叠加　　　　　　　　　　　图 2 - 18　储水容器

【解】　本题是曲面受压问题，受压曲面的边界线都是圆周，在图上仅表现为受压曲面的两个端点 a、c。

1）求各半球盖所受的水平分力

半球盖 A、B 的边界线，都是水平面上的圆周，它封闭的面积在铅直面上的投影为一直线，故投影面积为 0，即 $A_{Az} = A_{Bz} = 0$，所以

$$P_{Ax} = 0$$

$$P_{Bx} = 0$$

半球盖 C 的边界是铅直面上的圆周，它封闭的面积在铅直面上的投影就是它自身，即 $A_{Cz} = \pi R^2$，形心点的水深 H，故

$$P_{Cx} = p_C \cdot A_{Cz} = \rho g H \cdot \pi R^2 = (9.8 \times 2.5 \times \pi \times 0.5^2)\text{kN} = 19.24\text{kN}$$

方向水平向左。

2）求各半球盖所受的铅直分力

半球盖 A、B、C 的压力体如图 2 - 18 阴影部分，计算如下

$$P_{Az} = \rho g V_A = \rho g \left[\left(H - \frac{h}{2} \right) \pi R^2 - \frac{2}{3} \pi R^3 \right]$$

$$= 9.8 \times \left[\left(2.5 - \frac{1.5}{2} \right) \times \pi \times 0.5^2 - \frac{2}{3} \times \pi \times 0.5^3 \right]\text{kN} = 10.90\text{kN}$$

此压力体是虚压力体，故方向向上。

$$P_{Bz} = \rho g V_B = \rho g \left[\left(H + \frac{h}{2} \right) \pi R^2 + \frac{2}{3} \pi R^3 \right]$$

$$= 9.8 \times \left[\left(2.5 + \frac{1.5}{2} \right) \times \pi \times 0.5^2 + \frac{2}{3} \times \pi \times 0.5^3 \right]\text{kN}$$

$$= 27.56\text{kN}$$

此压力体是实压力体，故方向向下。

$$P_{Cz} = \rho g V_C = \rho g \frac{2}{3} \pi R^3 = \left(9.8 \times \frac{2}{3} \times \pi \times 0.5^3\right) kN = 2.56 kN$$

此压力体是实压力体，故方向向下。

本章习题

选择题（单选题）

2.1　静止流体中存在：（a）压应力；（b）压应力和拉应力；（c）压应力和切应力；（d）压应力、拉应力和切应力。

2.2　相对压强的起算基准是：（a）绝对真空；（b）一个标准大气压；（c）当地大气压；（d）液面压强。

2.3　金属压力表的读值是：（a）绝对压强；（b）相对压强；（c）绝对压强加当地大气压；（d）相对压强加当地大气压。

2.4　某点的真空度为 65000Pa，当地大气压为 0.1MPa，该点的绝对压强为：（a）65000Pa；（b）55000Pa；（c）35000Pa；（d）165000Pa。

2.5　露天水池，水深5m处的相对压强为：（a）5 kPa；（b）49 kPa；（c）147 kPa；（d）205 kPa。

2.6　100mm汞柱其压强相当于多少毫米水柱的压强？（a）1000mm；（b）1332mm；（c）1360mm；（d）136mm。

2.7　垂直放置的矩形水平挡水，水深3m，静水总压力 P 的作用点到水面的距离 y_D：（a）1m；（b）1.5m；（c）2m；（d）2.5m。

2.8　桌面上三个容器（图2-19），容器中水深相等，底面积相等（容器自重不计），但容器中水体积不相等。下列哪种结论是正确的？（a）容器底部总压力相等，桌面的支撑力也相等；（b）容器底部的总压力相等，桌面的支撑力不等；（c）容器底部的总压力不等，桌面的支撑力相等；（d）容器底部的总压力不等，桌面的支撑力不等。

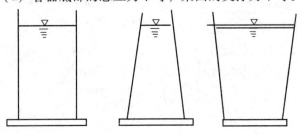

图2-19　题2.8图

计算与说明题

2.9　试求图2-20中（a）、（b）、（c）中，A、B、C 各点相对压强，图中 p_0 是绝对压强，大气压强 $p_a = 1 atm$。

2.10　开敞容器盛有 $\rho_2 > \rho_1$ 的两种液体（图2-21），问1、2两测压管中的液面哪个高些？哪个和容器的液面同高？

2.11　封闭容器的水面的绝对压强 $p_0 = 107.7 kN/m^2$，当地大气压强 $p_a = 98.07 kN/m^2$

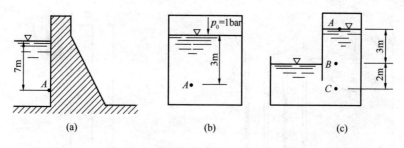

图2-20 题2.9图

（图2-22）。试求（1）水深$h_1 = 0.8$m时，A点的绝对压强和相对压强。（2）若A点距基准面的高度$z = 5$m，求A点的测压管高度及测压管水头，并图示容器内液体各点的测压管水头线。（3）压力表M和酒精（$\gamma = 7.944$ kN/m^3）测压计h的读数为何值？

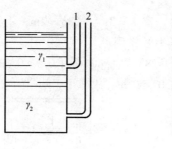

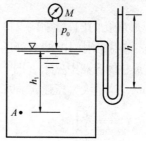

图2-21 题2.10图   图2-22 题2.11图

2.12 已知图2-23中$Z = 1$m，$h = 2$m，求A点的相对压强及测压管中液面气体压强的真空度。

2.13 封闭水箱中的水面高程与筒1，管3、4中的水面同高，筒1可以升降，借以调节箱中水面压强（图2-24）。如将（1）筒1下降一定高度；（2）筒1上升一定高度。试分别说明各液面高程哪些最高？哪些最低？哪些同高？

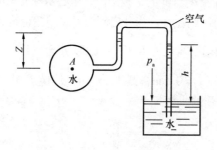

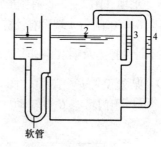

图2-23 题2.12图   图2-24 题2.13图

2.14 复式测压计中各液面高程为：$\nabla_1 = 3.0$cm，$\nabla_2 = 0.6$cm，$\nabla_3 = 2.5$cm，$\nabla_4 = 1.0$cm，$\nabla_5 = 3.5$cm（图2-25），求p_5。

2.15 一直立煤气管（图2-26），在底部测压管中测得水柱差$h_1 = 100$mm，在$H = 20$m高处的测压管中测得水柱差$h_2 = 115$mm，管外空气容重$\gamma_{空} = 12.64$N/m^3，求管中静止煤气的容重。

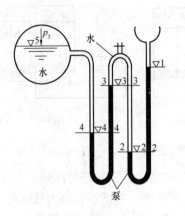

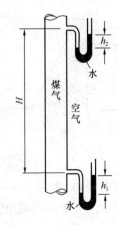

图 2-25 题 2.14 图　　　　　　　图 2-26 题 2.15 图

2.16 有一矩形底孔闸门（图 2-27），高 $h=3m$，宽 $b=2m$，上游水深 $h_1=6m$，下游水深 $h_2=5m$。试求作用于闸门上的水静压力及作用点。

2.17 密封方形柱体容器中盛水（图 2-28），底部侧面开 $0.5\times0.6m$ 的矩形孔，水面绝对压强 $p_0=117.7kN/m^2$，当地大气压强 $p_a=98.07kN/m^2$，求作用于闸门的水静压力及作用点。

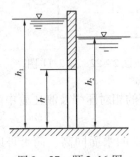

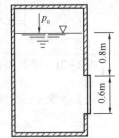

图 2-27 题 2.16 图　　　　　　　图 2-28 题 2.17 图

2.18 水坝（图 2-29）有圆形泄水孔，装一直径 $d=1m$ 的平板闸门，中心水深 $h=3m$，闸门所在斜面 $\alpha=60°$闸门 A 端设有铰链，B 端钢索可将闸门拉开。当开启闸门时，闸门可绕 A 向上转动。在不计摩擦力及钢索、闸门重力时，求开启闸门所需之力 F（注：圆形 $J_c=\dfrac{\pi}{64}D^4$）。

2.19 某处设置安全闸门（图 2-30），闸门宽 $b=0.6m$，高 $h_1=1m$，铰链 C 装置于距底 $h_2=0.4m$，闸门可绕 C 点转动。求闸门自动打开的水深 h 为多少米？

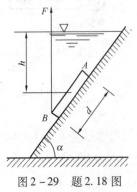

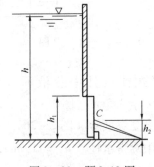

图 2-29 题 2.18 图　　　　　　　图 2-30 题 2.19 图

2.20　图 2 – 31 中（a）为圆筒，（b）为圆球，（c）为圆锥，试分别绘出受压面的压力体图并标出铅直力的方向。

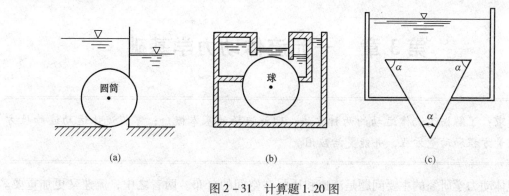

（a）　　　　　　　　　（b）　　　　　　　　　（c）

图 2 – 31　计算题 1.20 图

2.21　有一圆滚门（图 2 – 32），长度 $l = 10\text{m}$，直径 $D = 4\text{m}$，上游水深 $H_1 = 4\text{m}$，下游水深 $H_2 = 2\text{m}$，求作用于圆滚门上的水平和铅直分压力。

2.22　一弧形闸门 AB（图 2 – 33），宽 $b = 4\text{m}$，圆心角 $\varphi = 45°$，半径 $r = 2\text{m}$，闸门转轴恰与水面齐平，求作用于闸门的水静压力。

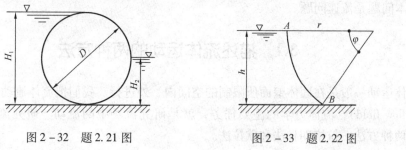

图 2 – 32　题 2.21 图　　　　　　图 2 – 33　题 2.22 图

第3章 一元流体动力学基础

教学要求：了解描述流体运动的两种方法；理解流场的基本概念；掌握流体运动连续性方程、能量方程和动量方程，并能灵活应用。

流体动力学研究的主要问题是流速和压强在空间的分布。两者之中，流速又更加重要。这不仅因为流速是流动情况的数学描述，还因为流体流动时，在破坏压力和质量力平衡的同时，出现了和流速密切相关的惯性力和粘性力。其中，惯性力是由质点本身流速变化所产生，而粘性力是由于流层与流层之间，质点与质点间存在着流速差异所引起的。这样，流体由静到动所产生的两种力，是由流速在空间的分布和随时间的变化所决定。因此，流体动力学的基本问题是流速问题。

3.1 描述流体运动的两种方法

流体运动一般是在固体壁面所限制的空间内、外进行。我们把流体流动占据的空间称为流场（flow field），流体力学的主要任务，就是研究流场中的流动。研究流体的运动规律，存在着两种方法：拉格朗日法和欧拉法。

3.1.1 拉格朗日法

拉格朗日法是瑞士科学家欧拉首先提出的，法国科学家 Lagrange, J.（1736 – 1813）作了独立的、完整的表述和具体运用。该方法承袭固体力学的方法，把流场中流体看作是无数连续的质点所组成的质点系，如果能对每一质点的运动进行描述，那么整个流动就被完全确定了。

拉格朗日法把流体质点在某一时刻 t_0 时的坐标（a、b、c）作为该质点的标志，其位移就是坐标（a、b、c）和时间变量的连续函数，表示为

$$\left. \begin{array}{l} x = x(a,b,c,t) \\ y = y(a,b,c,t) \\ z = z(a,b,c,t) \end{array} \right\} \qquad (3-1)$$

式中 a、b、c、t——拉格朗日变量。

当研究某一指定的流体质点时，坐标 a、b、c 是常数，式（3-1）所表达的是该点的运动轨迹。将式（3-1）对时间求一阶和二阶偏导数，在求导过程中 a、b、c 视为常数，便得到该质点的流速和加速度。

流速为

$$u_x = \frac{\partial x(a, b, c, t)}{\partial t}$$

$$u_y = \frac{\partial y(a, b, c, t)}{\partial t}$$

$$u_z = \frac{\partial z(a, b, c, t)}{\partial t} \qquad (3-2)$$

加速度为

$$a_x = \frac{\partial u_x}{\partial t} = \frac{\partial^2 x}{\partial t^2}$$

$$a_y = \frac{\partial u_y}{\partial t^2} = \frac{\partial^2 y}{\partial t^2}$$

$$a_z = \frac{\partial u_z}{\partial t^2} = \frac{\partial^2 z}{\partial t^2} \qquad (3-3)$$

拉格朗日法的基本特点是追踪流体质点的运动，它的优点就是可以直接运用理论力学中早已建立的质点或质点系动力学来进行分析。但是这样的描述方法过于复杂，实际上难于实现。

3.1.2　欧拉法

欧拉法是以流体流动占据的空间即流场作为研究对象，研究不同时刻各空间点上流体质点的运动参数，将各时刻的情况汇总起来，就描述了整个流场，即研究表征流场内流体特性的各物理量的矢量场与标量场，如流速场、压强场、密度场等，并将这些物理量表示为坐标 x、y、z 和时间 t 的函数。即

$$u_x = u_x(x, y, z, t)$$

$$u_y = u_y(x, y, z, t)$$

$$u_z = u_z(x, y, z, t) \qquad (3-4)$$

$$p = p(x, y, z, t) \qquad (3-5)$$

$$\rho = \rho(x, y, z, t) \qquad (3-6)$$

式中　变量 x、y、z、t——欧拉变量。

对比拉格朗日法和欧拉法的不同变量，就可以看出两者的区别：前者以 a、b、c 为变量，是以一定质点为对象；后者以 x、y、z 为变量，是以固定空间点为对象。只要对流动的描述是以固定空间，固定断面，或固定点为对象，应采用欧拉法，而不采用拉格朗日法。本书以下的流动描述均采用欧拉法。

3.2　流场中的基本概念

3.2.1　恒定流和非恒定流

在流场中，若各空间运动参数（速度、压强、密度等）只是空间坐标的连续函数，不随时间变化的流动称为恒定流（steady flow）。反之为非恒定流（non-steady flow）。对于恒定

流流场方程为

$$\left.\begin{array}{c} \vec{u} = \vec{u}(x、y、z) \\ p = p(x、y、z) \\ \rho = \rho(x、y、z) \end{array}\right\} \qquad (3-7)$$

或运动参数的时变导数为零,即 $\dfrac{\partial u}{\partial t} = 0$、$\dfrac{\partial p}{\partial t} = 0$。

工程中大多数流动,流速等参数不随时间而变,或变化甚缓,只需用恒定流计算,就能满足实用要求。这并不是说非恒定流没有实际意义,例如水击现象,必须用非恒定流进行计算。

3.2.2 流线和迹线

采用拉格朗日法描述流体流动,就是采用跟踪每个质点的路径进行的质点系法,这种方法观察的是质点的迹线(path line)。迹线即同一质点在各不同时刻所占有的空间位置联成的空间曲线。

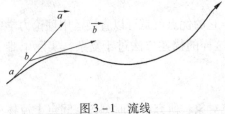

图 3-1 流线

采用欧拉法描述流体运动,为了反映流场中的流速分布,分析流场中的流动,常用形象化的方法直接在流场中绘出反映流动方向的一系列线条,这就是流线(stream line)(图 3-1)。流线即在某一时刻,各点的切线方向与通过该点的流体质点的流速方向重合的空间曲线。流线是欧拉法对流动的描绘。

流线的概念在流体力学分析中是很重要的。从流线的定义可以引申出以下结论:

(1)流线不能相交,不能折,且只能是一条光滑的曲线。

(2)流场中每点都有流线通过。流线充满整个流场,这些流线构成某一时刻流场内的流动图像。

(3)流场中流速的大小可以由流线的疏密程度反映出来。流线越密处流速越大,流线越稀疏处流速越小。

(4)在恒定流条件下,流线的形状和位置不随时间而变化,在非恒定流条件下,流线的形状和位置随时间变化而变化。

(5)恒定流动时,流线与迹线重合;非恒定流动时,流线与迹线不重合。因此,只有在恒定流中才能用迹线来代替流线。

3.2.3 流管、流束、过流断面、元流和总流

在流场内,取任意非流线的封闭曲线 l。经此曲线上全部点作流线,这些流线组成的管状流面,称为流管(stream tube)。流管以内的流体,称为流束(stream filament)(图 3-2)。垂直于流束的断面,称为流束的过流断面(flow cross-section)。当流束的过流断面无限小时,这一流束就称为元流(element flow)。

从上述对流场几何描述的一些概念中,可以得出如下推论:

(1)元流的边界由流线组成,因此外部流体不能流入,内部流体也不能流出。

(2)元流的过流断面无限小,过流断面上运动参数如流速、压强等认为是均匀分布。

(3)如果从元流某起始断面,沿流动方向取坐标 s,则全部元流问题,简化为断面流速

u 随坐标 s 而变，即 $u = f(s)$。欧拉三个变量简化为一个变量，三元问题简化为一元问题。

　　整个流场中的流动总体就是总流（total flow），总流是由无数元流线性相加而成的（图 3 – 3）。处处垂直于总流中全部流线的断面，是总流的过流断面。

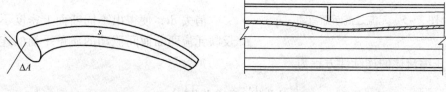

图 3 – 2　流束　　　　　　　　　　　图 3 – 3　元流和总流

3.2.4　流量、断面平均流速

　　单位时间通过某一过流断面的流体量称为该断面的流量。若通过的流体量以质量计量就是质量流量（mass-flow rate），单位为 kg/s；若通过的流体量以体积计量就是体积流量（volume-flow rate），简称为流量（flow rate），单位为 m^3/s。对元流，过流断面 dA 上 dt 时间段通过的流体质量为 $\rho u dt dA$，元流的质量流量为 $dQ_m = \rho u dA$，元流的体积流量为 $dQ = u dA$。

　　对总流，质量流量和体积流量分别为

$$Q_m = \int_A \rho u dA \qquad\qquad (3 – 8)$$

$$Q = \int_A u dA \qquad\qquad (3 – 9)$$

对于均值不可压缩流体，流体的密度 ρ 为常数，则

$$Q_m = \rho Q \qquad\qquad (3 – 10)$$

　　总流过流断面上各点的流速 u 一般是不相等的，以管流为例，轴线处的流速最大，管壁附近流速较小，过流断面流速分布见图 3 – 4。为了便于计算，设想过流断面上的流速均匀分布，通过的流量与实际流量相同，定义断面平均流速 v（mean velocity）为

$$v = \frac{Q}{A} = \frac{\int_A u dA}{A} \qquad (3 – 11)$$

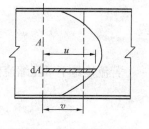

图 3 – 4　圆管流速分布

则得到

$$Q = Av$$

3.3　恒定流动的连续性方程

　　流体的连续性方程是质量守恒原理在流体流动过程中的数学表达式，对于流体不同的流动情况，连续性方程（continuity equation）有不同的表达式。最简单的一种，是恒定流的连续性方程。

3.3.1　恒定元流的连续性方程

　　设在某一元流中任取两过流断面 1 和 2（图 3 – 5），其面积分别为 dA_1 和 dA_2，在恒定流条件下，过流断面上的流速 u_1 和 u_2 不随时间变化。根据质量守恒原理，在 dt 时段内通过过

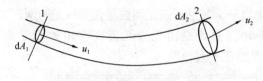

图 3 - 5　元流过流断面流动

流断面 dA_1 的流体的质量 $\rho_1 u_1 dA_1 dt$ 和通过过流断面 dA_2 的流体的质量 $\rho_2 u_2 dA_2 dt$ 相等，即

$$\rho_1 u_1 dA_1 dt = \rho_2 u_2 dA_2 dt$$

消去 dt，便得出不同断面上密度不相同时反映元流两断面间流动的质量平衡的连续性方程，即可压缩流体的连续性方程为

$$\left.\begin{array}{c} \rho_1 u_1 dA_1 = \rho_2 u_2 dA_2 \\ dQ_{m1} = dQ_{m2} \end{array}\right\} \tag{3-12}$$

若元流是不可压缩流体，$\rho_1 = \rho_2 = \rho$，得

$$\left.\begin{array}{c} u_1 dA_1 = u_2 dA_2 \\ dQ_1 = dQ_2 \end{array}\right\} \tag{3-13}$$

式（3-13）称为不可压缩流体恒定元流的连续性方程。它表示沿流动方向流速与过流断面面积成反比的关系，也说明在不可压缩流体恒定元流中，各断面的流量相等。

3.3.2　恒定总流的连续性方程

根据过流断面平均流速的概念，可以将原流的连续性方程推广到总流中。设在总流中任取两过流断面，其面积分别为 A_1 和 A_2，其相应的过流断面的平均流速为 v_1 和 v_2，平均密度为 ρ_1 和 ρ_2，则根据上述讨论元流连续性方程，有

$$\int_{A_1} \rho_1 u_1 dA_1 = \int_{A_2} \rho_2 u_2 dA_2$$

因而可压缩流体恒定总流的连续性方程为

$$\rho_1 v_1 A_1 = \rho_2 v_2 A_2 \tag{3-14}$$

或

$$Q_{m1} = Q_{m2} \tag{3-15}$$

若流体是不可压缩流体，$\rho_1 = \rho_2 = \rho$，则得不可压缩流体恒定元流的连续性方程

$$v_1 A_1 = v_2 A_2 \tag{3-16}$$

$$Q_1 = Q_2 \tag{3-17}$$

式（3-16）（3-17）是不可压缩流体恒定流连续性方程式的两种形式。方程式表明：在不可压缩流体一元流动中，平均流速与断面积成反比变化。

由于断面 1、2 是任意选取的，上述关系可以推广至全部流动的各个断面。即

$$\left.\begin{array}{c} Q_1 = Q_2 = \cdots\cdots = Q \\ v_1 A_1 = v_2 A_2 = \cdots\cdots = vA \end{array}\right\} \tag{3-18}$$

而流速之比和断面之比有下列关系：

$$v_1 : v_2 : \cdots\cdots : v = \frac{1}{A_1} : \frac{1}{A_2} : \cdots\cdots : \frac{1}{A} \tag{3-19}$$

从式（3-19）可以看出，连续性方程确立了总流各断面平均流速沿流向的变化规律。

如果恒定总流两断面间有流量输入或输出，如合流或分流（图 3-6），合流的连续性方程为 $Q_1 + Q_3 = Q_2$，分流的连续性方程为 $Q_1 = Q_2 + Q_3$。

因此恒定总流的连续性方程则推广为：取一段控制体，流入的流量之和等于流出的流量

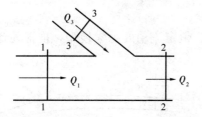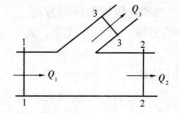

图 3 - 6   合流与分流

之和，即

$$\Sigma Q_{\text{进}} = \Sigma Q_{\text{出}} \tag{3 - 20}$$

单纯依靠连续性方程式，虽然并不能求出断面平均流速的绝对值，但它的相对比值是完全确定了的。所以，只要总流的流量已知，或任一断面的平均流速已知，则其他任何断面的平均流速均可算出。

【例 3 - 1】   变直径水管（图 3 - 7），已知粗管直径 $d_1 = 200\text{mm}$，断面平均流速 $v_1 = 1.5\text{m/s}$，细管直径 $d_2 = 100\text{mm}$，试求细管管段的断面平均流速。

【解】   由流体总流连续性方程（式 3 - 16）

$$v_1 A_1 = v_2 A_2$$

$$v_2 = v_1 \frac{A_1}{A_2} = v_1 \left(\frac{d_1}{d_2}\right)^2 = 1.5 \times \left(\frac{0.2}{0.1}\right)^2 \text{m/s} = 6 \text{ m/s}$$

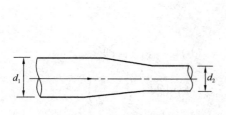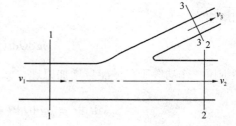

图 3 - 7   变直径水管   图 3 - 8   三通管分流

【例 3 - 2】   输水管经三通管分流（图 3 - 8），已知管径 $d_1 = d_2 = 200\text{mm}$，$d_3 = 100\text{mm}$，断面平均流速 $v_1 = 4\text{m/s}$，$v_2 = 2\text{m/s}$，试求断面平均流速 v_3。

【解】   流进的总流量等于流出的总流量，即

$$Q_1 = Q_2 + Q_3$$

$$A_1 v_1 = A_2 v_2 + A_3 v_3$$

$$v_3 = (v_1 - v_2)\left(\frac{d_1}{d_3}\right)^2 = 2 \times \left(\frac{0.2}{0.1}\right)^2 \text{m/s} = 8 \text{ m/s}$$

3.4   理想元流的伯努利方程

连续性方程是运动学方程，它只给出了沿一元流长度上，断面流速的变化规律，完全没有涉及流体的受力情况。如果需要求出流速的绝对值，还必须从动力学着眼，考虑外力作用下，流体是按照什么规律来运动的。

3.4.1 理想元流的伯努利方程

根据功能原理，取不可压缩、无粘性流体、恒定流动的力学模型，推证元流的能量方程式。

在流场中选取元流（图3-9）。在元流上沿流向取1、2两断面，两断面的高程和面积分别为 z_1、z_2 和 dA_1、dA_2 两断面的流速和压强分别为 u_1、u_2 和 p_1、p_2。

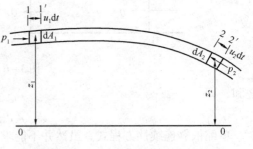

以两断面间的元流段为研究对象，根据功能原理，dt 时间内，该段元流外力（压力）作的功等于该段元流机械能的增量。

图3-9 元流伯努力方程的推证

压力作功为

$$p_1 dA_1 u_1 dt - p_2 dA_2 u_2 dt = (p_1 - p_2) dQ dt \qquad (a)$$

该段元流机械能的增量为该段元流在 dt 前后所占有的空间上动能的增量和位能的增量。根据物理公式，动能为 $\frac{1}{2}mu^2$，位能为 mgz。则动能增加为

$$\rho dQ dt \left(\frac{u_2^2}{2} - \frac{u_1^2}{2}\right) = \rho dQ dt \left(\frac{u_2^2}{2} - \frac{u_1^2}{2}\right) \qquad (b)$$

位能的增加为

$$\rho g dQ dt (z_1 - z_2) \qquad (c)$$

根据压力作功等于机械能量增加原理，（a）=（b）+（c），即

$$(p_1 - p_2) dQ dt = \rho g dQ dt (z_2 - z_1) + \rho dQ dt \left(\frac{u_2^2}{2} - \frac{u_1^2}{2}\right)$$

各项除以 dt，并按断面分别列入等式两方，为

$$\left(\rho g z_1 + p_1 + \frac{\rho u_1^2}{2}\right) dQ = \left(\rho g z_2 + p_2 + \frac{\rho u_2^2}{2}\right) dQ \qquad (3-21)$$

式（3-21）称为理想元流的能量方程（energy equation）式。将（3-21）式除以 dQ 得出单位体积流体理想元流的能量方程为

$$\rho g z_1 + p_1 + \frac{\rho u_1^2}{2} = \rho g z_2 + p_2 + \frac{\rho u_2^2}{2} \qquad (3-22)$$

将式（3-22）除以 ρg 得出单位重量流体理想元流的能量方程为

$$z_1 + \frac{p_1}{\rho g} + \frac{u_1^2}{2g} = z_2 + \frac{p_2}{\rho g} + \frac{u_2^2}{2g} \qquad (3-23)$$

式（3-23）又称为理想元流的伯努利方程（Bernoulli equation）。把这个关系推广到元流的任意断面，即对元流的任意断面有

$$z + \frac{p}{\rho g} + \frac{u^2}{2g} = 常数 \qquad (3-24)$$

3.4.2　理想元流伯努利方程的物理意义和几何意义

1. 物理意义

式（3－24）中前两项 z、$\dfrac{p}{\rho g}$ 的物理意义分别是单位重量流体具有的位能（重力势能）和压能（压强势能），$H_p = \dfrac{p}{\rho g} + z$ 是单位重量流体具有的总势能。第三项 $\dfrac{u^2}{2g}$ 是单位重量流体具有的动能。

三项之和 $H = \dfrac{p}{\rho g} + z + \dfrac{u^2}{2g}$ 是单位重量流体具有的机械能，式（3－24）表明不可压缩无粘性流体的恒定流动，沿同一元流（沿同一流线），单位重量流体的机械能守恒。

2. 几何意义

式（3－24）各项的几何意义是不同的几何高度：z 是位置高度，又称为位置水头；$\dfrac{p}{\rho g}$ 是测压管高度，又称为压强水头；两项之和 $H_p = \dfrac{p}{\rho g} + z$ 是测压管水头；$\dfrac{u^2}{2g}$ 称为流速水头 （velocity head）；三项之和 $H = \dfrac{p}{\rho g} + z + \dfrac{u^2}{2g}$ 称为总水头（total head）。

式（3－24）表示不可压缩无粘性流体的恒定流动，沿同一元流（沿同一流线），各断面总水头相等，总水头线是水平线（图3－10）。

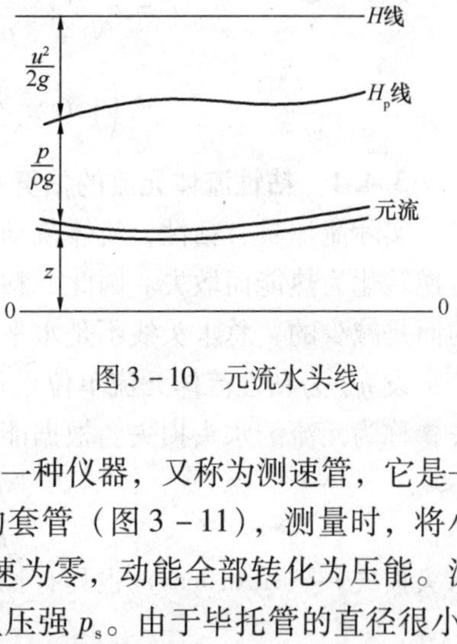

3.4.3　理想元流伯努利方程的应用

理想元流伯努利方程式，描述了一元流动中，流体的动能和势能、流速和压强相互转换的普遍规律，提出了流体流速和压强的计算公式，在流体力学中，有极其重要的理论分析意义和极其广泛的实际运算作用。

图 3－10　元流水头线

现在以毕托管（Pitot tube）为例说明理想元流伯努利方程的应用。毕托管是广泛用于测量流场中各点流速的一种仪器，又称为测速管，它是一根呈90°，顶端开有一小孔 A 且侧表面开有若干小孔 B 的套管（图3－11），测量时，将小孔 A 正对准来流方向，来流在 A 点受测速管的阻滞，流速为零，动能全部转化为压能。流速为零处的端点称为驻点，该点的压强称驻点压强或滞止压强 p_s。由于毕托管的直径很小，它对流场的扰动可以忽略，故侧表面 B 点处的流速等于来流的流速 u，B 点测得压强为毕托管放入前该点的压强 p，由伯努利方程应用于 A、B 点，可得

$$\frac{p_s}{\rho g} = \frac{p}{\rho g} + \frac{u^2}{2g}$$

则

$$u = \sqrt{2g\frac{p_s - p}{\rho g}}$$

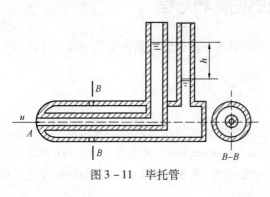

图 3－11　毕托管

由此可见，测得 $\dfrac{p_s - p}{\rho g}$ 后即可测的来流速度 u。如图 $3-11$ 所示情况，$\dfrac{p_s - p}{\rho g} = h$，则

$$u = \sqrt{2gh}$$

由于实际流体是有粘性的，引入经实验校正的流速系数 c，它与管的构造和加工情况有关，其值近似等于 1，故流速 u 的计算式为

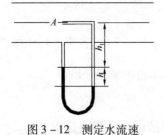

图 $3-12$ 测定水流速

$$u = c\sqrt{2g\frac{p_s - p}{\rho g}} \qquad (3-25)$$

【例 $3-3$】 测定管内水流中某点 A 流速的装置（图 $3-12$），已知压差及左右水银柱液面高差 $h = 20\text{mm}$，毕托管的修正系数 $c = 1.0$，试求水流中 A 点流速 u。

【解】 设在毕托管放入前 A 点的压强为 p，放入后驻点的压强为 p_s，由压差计读数可得

$$p + \rho g h_1 + \rho_{Hg} g h = p_s + \rho g (h_1 + h)$$

$$\frac{p_s - p}{\rho g} = \frac{(\rho_{Hg} - \rho) h}{\rho}$$

$$u = c\sqrt{2g\frac{p_s - p}{\rho g}} = c\sqrt{2gh\frac{\rho_{Hg} - \rho}{\rho}}$$

$$= \left(1.0 \times \sqrt{2 \times 9.8 \times 0.02 \times \frac{13.6 \times 10^3 - 1000}{1000}}\right) \text{m/s} = 2.22 \text{ m/s}$$

3.4.4 粘性流体元流的伯努利方程

实际流体具有粘性，流体流动产生流动阻力，克服阻力做功，使流体的一部分机械能不可逆转化为热能而散失。因此，粘性流体流动时，单位重量流体具有的机械能沿程不是守恒的而是减少的，总水头线不是水平线，而是沿程下降线。

设 h'_w 为粘性流体元流单位重量流体从过流断面 $1-1$ 运动至过流断面 $2-2$ 的机械能损失，称为元流的水头损失。根据能量守恒原理，粘性流体元流的伯努利方程为

$$z_1 + \frac{p_1}{\rho g} + \frac{u_1^2}{2g} = z_2 + \frac{p_2}{\rho g} + \frac{u_2^2}{2g} + h'_w \qquad (3-26)$$

水头损失 h'_w（head loss）也具有长度量纲。

3.5 恒定总流的伯努利方程

为了从元流能量方程推出总流能量方程，还必须进一步研究压强在垂直于流线方向的分布，即压强在过流断面上的分布问题。

3.5.1 渐变流过流断面的压强分布

1. 均匀流和不均匀流

流速是向量，它的变化包括大小的变化和方向的变化。按流速是否随流向变化，把流动分为均匀流动（uniform flow）和非均匀流动（non-uniform flow）（图 $3-13$）。均匀流动中质点流速的大小和方向均不变，流线是相互平行的直线，否则为非均匀流。非均匀流动又按

流速随流向变化的缓急，分为渐变流动和急变流动，渐变流是流线近似为直线的流动，否则为急变流。

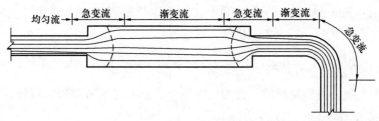

图 3 - 13　均匀流和非均匀流

2. 均匀流过流断面压强分布

分析均匀流过流断面压强分布，任取轴线 $n - n$ 位于均匀流断面的微小柱体为隔离体（图 3 - 14），分析作用于隔离体上的力在 $n - n$ 方向的分力。柱体长为 l，横断面积为 dA，与铅直方向的倾角为 α，两断面的高程为 z_1 和 z_2，压强为 p_1 和 p_2。

微小柱体在 $n - n$ 方向的力平衡

$$p_1 dA + G\cos \alpha = p_2 dA$$

因为 $G = \rho gl dA$，上式为

$$p_1 dA + \rho gl dA \cos \alpha = p_2 dA$$

又　　　　　　$$l\cos \alpha = z_1 - z_2$$

则

$$p_1 + \rho g(z_1 - z_2) = p_2$$

$$z_1 + \frac{p_1}{\rho g} = z_2 + \frac{p_2}{\rho g}$$

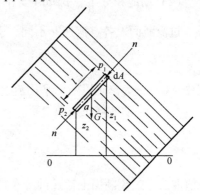

图 3 - 14　均匀流断面
上微小柱体的平衡

即均匀流过流断面上压强服从于静力学压强分布规律。

渐变流动是均匀流动的宽延，所以均匀流动的性质，对渐变流都近似成立。其主要性质是：

（1）渐变流过流断面近似为平面，面上各点的流速方向近似平行；

（2）渐变流过流断面上的动压强分布规律与液体静压强的分布规律相同。

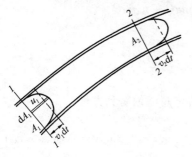

图 3 - 15　总流能量方程的推证

3.5.2　粘性流体总流伯努利方程

已经获得元流伯努利方程。现在进一步把它推广到总流，以得出在工程实际中对平均流速和压强计算极为重要的总流伯努利方程。

在总流中（图 3 - 15），选取两个渐变流断面 1 - 1 和 2 - 2。总流既然可以看作无数元流之和，总流伯努利方程就应当是元流伯努利方程在断面的积分。

由元流伯努利方程（3 - 26）

$$z_1 + \frac{p_1}{\rho g} + \frac{u_1^2}{2g} = z_2 = \frac{\rho_2}{\rho g} + \frac{u_2^2}{2g} + h_w'$$

以重量流量 $\rho g \mathrm{d}Q = \rho g u_1 \mathrm{d}A_1 = \rho g u_2 \mathrm{d}A_2$，乘上式，得单位时间通过元流两过流断面的能量关系，分别在总流断面 1－1 和 2－2 上积分，得

$$\int_{A_1}\left(z_1 + \frac{p_1}{\rho g} + + \frac{u_1^2}{2g}\right)\rho g u_1 \mathrm{d}A_1 = \int_{A_2}\left(z_2 + \frac{p_2}{\rho g} + + \frac{u_2^2}{2g}\right)\rho g u_2 \mathrm{d}A_2 + \int_Q h_w'\rho g \mathrm{d}Q \qquad (\text{a})$$

现在将以上七项，按能量性质，分为三种类型，分别讨论各类型的积分。

（1）势能积分 $\int\left(z + \frac{p}{\rho g}\right)\rho g u \mathrm{d}A$

因所取过流断面是渐变流断面，面上各点单位重量流体的总势能相等，$z + \frac{p}{\rho g} = c$，于是

$$\int\left(z + \frac{p}{\rho g}\right)\rho g u \mathrm{d}A = \left(z + \frac{p}{\rho g}\right)\rho g Q \qquad (\text{b})$$

（2）动能积分 $\int_A \frac{u^2}{2g}\rho g u \mathrm{d}A = \int_A \frac{u^3}{2g}\rho g \mathrm{d}A$

过流断面上各点流速 u 不同，引入修正系数，积分按断面平均流速 v 计算，则

$$\int_A \frac{u^3}{2g}\rho g \mathrm{d}A = \frac{\alpha v^2}{2g}\rho g Q \qquad (\text{c})$$

式中　α——为修正以断面平均流速计算的动能与实际动能的差值而引入的修正系数，称为动能修正系数（kinetic－energy correction factor），即

$$\alpha = \frac{\int_A u^3 \mathrm{d}A}{v^3 A}$$

α 值取决于过流断面上流速的分布情况，分布较均匀的流动 $\alpha = 1.05 \sim 1.10$，工程中计算常取 $\alpha = 1.0$。

（3）水头损失积分 $\int_Q h_w'\rho g \mathrm{d}Q$

积分 $\int_Q h_w'\rho g \mathrm{d}Q$ 是单位时间内总流由 1－1 至 2－2 断面的机械能损失。现在定义 h_w 为总流单位重量流体由 1－1 至 2－2 断面的平均机械能损失，称为总流的水头损失。则

$$\int_Q h_w'\rho g \mathrm{d}Q = h_w\rho g Q \qquad (\text{d})$$

将（b）、（c）和（d）代入（a）得

$$\left(z_1 + \frac{p_1}{\rho g} + \frac{\alpha_1 v_1^2}{2g}\right)\rho g Q = \left(z_2 + \frac{p_2}{\rho g} + \frac{\alpha_2 v_2^2}{2g}\right)\rho g Q + h_w\rho g Q$$

以 $\rho g Q$ 除上式，得

$$z_1 + \frac{p_1}{\rho g} + \frac{\alpha_1 v_1^2}{2g} = z_2 + \frac{p_2}{\rho g} + \frac{\alpha_2 v_2^2}{2g} + h_w \qquad (3-27)$$

这就是单位重量粘性流体恒定总流能量方程，或称为粘性流体总流伯努利方程。

3.5.3　总流伯努利方程的物理意义和几何意义

总流伯努利方程的物理意义和几何意义和元流伯努利方程类似，不再详述，需注意的是方程的平均意义。

式中　　　　　z——总流过流断面某点（所取计算点）单位重量流体的位能，位置水头，m；

$\dfrac{p}{\rho g}$——总流过流断面某点（所取计算点）单位重量流体的压能，压强水头，m；

$\dfrac{\alpha v^2}{2g}$——总流过流断面单位重量流体的平均动能，流速水头，m；

h_w——总流两断面间单位重量流体平均的机械能损失，m；

$H_p = z + \dfrac{p}{\rho g}$——过流断面上单位重量流体的平均势能，测压管水头，m；

$H = z + \dfrac{p}{\rho g} + \dfrac{\alpha v^2}{2g}$——过流断面上单位重量流体的平均机械能，总水头，m。

3.5.4　总流伯努利方程应用

1. 总流伯努利方程在应用中的灵活性和适应性

（1）方程的推导是在恒定流前提下进行的。客观上并不存在绝对的恒定流，但多数流动，流速随时间变化缓慢，惯性力较小，方程是适用的。

（2）方程的推导是以不可压缩流体为基础的。但它不仅适用于压缩性极小的液体流动，也适用于大多数气体流动。只有压强变化较大，流速甚高，才需要考虑气体的压缩性。

（3）方程的推导是将断面选在渐变流段。因此此方程应用时，断面要选择在渐变流断面上。

（4）由于方程的推导用到了渐变流过流断面上的压强分布规律，因此，断面上的压强 p 和位置高度 z 必须取同一点的值，但该点可以在断面上任取。例如在明渠流中，该点可取在液面，也可取在渠底等，但必须在同一点取值。在同一方程中，压强的基准必须一致，所取单位也要一致。

（5）方程的推导是在两断面间没有能量输入或输出的情况下提出的。如果有能量的输入（例如中间有水泵或风机）（图 3 - 16）或输出（例如中间有水轮机或汽轮机）（图 3 - 17），则可以将输入的单位能量项 H_i 加在方程（3 - 27）的左边，即

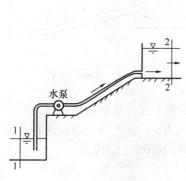

图 3 - 16　有能量输入总流

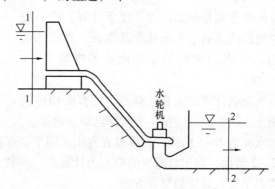

图 3 - 17　有能量输出总流

$$z_1 + \frac{p_1}{\rho g} + \frac{\alpha_1 v_1^2}{2g} + H_i = z_2 + \frac{p_2}{\rho g} + \frac{\alpha_2 v_2^2}{2g} + h_w \qquad (3 - 28)$$

或将输出的单位能量项 H_0 加在方程（3 - 27）的右边

$$z_1 + \frac{p_1}{\rho g} + \frac{\alpha_1 v_1^2}{2g} = z_2 + \frac{p_2}{\rho g} + \frac{\alpha_2 v_2^2}{2g} + H_0 + h_w \qquad (3 - 29)$$

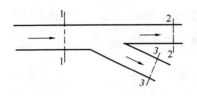

图 3-18 三通分流

以维持能量收支的平衡。将单位能量乘以 $\rho g Q$，回到总能量的形式，则换算为功率。在前一种情况下，流体机械输入功率为 $P_i = \rho g Q H_i$。在后一种情况下，液体机械的输出功率为 $P_0 = \rho g Q H_0$。

（6）方程的推导是在两断面间没有分流或合流的情况下推得的。如果两断面之间有分流或合流，若 1、2 断面间有分流（图 3-18）。直接建立 1 断面和 2 断面的伯努利方程为

$$z_1 + \frac{p_1}{\rho g} + \frac{\alpha_1 v_1^2}{2g} = z_2 + \frac{p_2}{\rho g} + \frac{\alpha_2 v_2^2}{2g} + h_{w1-2}$$

或 1 断面和 3 断面的伯努利方程

$$z_1 + \frac{p_1}{\rho g} + \frac{\alpha_1 v_1^2}{2g} = z_3 + \frac{p_3}{\rho g} + \frac{\alpha_3 v_3^3}{2g} + h_{w1-3}$$

同样，可以得出合流时的伯努利方程。

2. 伯努利方程应用举例

伯努利方程在解决流体力学问题上起决定性的作用，它和连续性方程联立，全面地解决一元流动的断面流速和压强的计算。

一般来讲，实际工程问题，不外乎三种类型：一是求流速，二是求压强，三是求流速和压强。

求解的一般步骤通过例题加以说明。

【例 3-4】 用直径 $d = 100\text{mm}$ 的水管从水箱引水（图 3-19）。水箱水面与管道出口断面中心的高差 $H = 4\text{m}$，保持恒定，水头损失 $h_w = 3\text{m}$，试求管中的流量。

【解】 应用总流伯努利方程

$$z_1 + \frac{p_1}{\rho g} + \frac{\alpha_1 v_1^2}{2g} = z_2 + \frac{p_2}{\rho g} + \frac{\alpha_2 v_2^2}{2g} + h_w$$

首先要选取基准面。为了便于计算，把一般通过总流最低点的水平面选为基准面。本题选通过管道出口断面中心的水平面为基准面 0-0（图 3-19）。

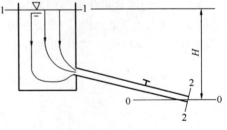

图 3-19 水箱引水管

其次选取计算断面和计算点。计算断面应选取在渐变流断面上，应使一个断面已知量最多，另一个断面上含待求量。按以上原则，本题选水箱水面为 1-1 断面，计算点在自由水面上，参数 $z_1 = H$，$p_1 = 0$，$v_1 = 0$。选管道出口断面为 2-2 断面，以出口断面的中心为计算点，参数 $z_2 = 0$，$p_2 = 0$，v_2 待求。

将各量代入总流伯努利方程

$$H + 0 + 0 = 0 + 0 + \frac{\alpha_2 v_2^2}{2g} + h_w$$

取 $\alpha_2 = 1.0$

$$v_2 = \sqrt{2g(H + h_w)} = 4.43\text{m/s}$$

$$Q = v_2 A_2 = 0.035\text{m}^3/\text{s}$$

【例 3 − 5】　文丘里（Venturi）流量计（图 3 − 20），进口直径 $d_1 = 100\text{mm}$，喉管直径 $d_2 = 50\text{mm}$，实测测压管水头差 $\Delta h = 0.6\text{m}$（或水银差压计的水银面高差 $h_p = 4.67\text{cm}$），流量计的流量系数为 $\mu = 0.98$。求管道的输水流量。

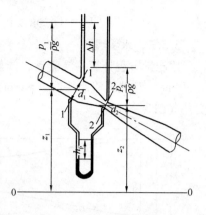

【解】　文丘里流量计是常用的测量管道流量的仪器。是由渐缩管、喉管和渐扩管前后相连所组成文丘里管（Venturi tube）。将它连接在主管道中，当主管水流通过此流量计时，由于喉管断面缩小，流速增加，压强相应减低，用差压计测定压强水头的变化，即可计算出流速和流量。

图 3 − 20　文丘里流量计

选水平基准面 0 − 0，选收缩段进口前断面 1 − 1 和喉管断面 2 − 2 为计算断面，计算点取在管轴线上，由于收缩段的水头损失很小，忽略不计，取 $\alpha_1 = \alpha_2 = 1.0$，列伯努利方程

$$z_1 + \frac{p_1}{\rho g} + \frac{v_1^2}{2g} = z_1 + \frac{p_2}{\rho g} + \frac{v_2^2}{2g}$$

移项

$$\frac{v_2^2}{2g} - \frac{v_1^2}{2g} = \left(z_1 + \frac{p_1}{\rho g}\right) - \left(z_2 + \frac{p_2}{\rho g}\right)$$

上式出现两个未知流速，补充连续性方程

$$v_1 A_1 = v_2 A_2$$

$$v_2 = \frac{A_1}{A_2} v_1 = \left(\frac{d_1}{d_2}\right)^2 v_1$$

代入前式，解得

$$v_1 = \frac{d_2^2 \sqrt{2g}}{\sqrt{d_1^4 - d_2^4}} \sqrt{\left(z_1 + \frac{p_1}{\rho g}\right) - \left(z_2 + \frac{p_2}{\rho g}\right)}$$

流量

$$Q = A_1 v_1 = \frac{\pi d_1^2 d_2^2 \sqrt{2g}}{4\sqrt{d_1^4 - d_2^4}} \sqrt{\left(z_1 + \frac{p_1}{\rho g}\right) - \left(z_2 + \frac{p_2}{\rho g}\right)}$$

令 $K = \dfrac{\pi d_1^2 d_2^2 \sqrt{2g}}{4\sqrt{d_1^4 - d_2^4}}$，$K$ 由流量计结构尺寸 d_1、d_2 而定的常数，称为仪器常数。考虑到流量计有水头损失，乘以流量系数 μ，故文丘里测得流量为

$$Q = \mu K \sqrt{\left(z_1 + \frac{p_1}{\rho g}\right) - \left(z_2 + \frac{p_2}{\rho g}\right)} \tag{3 − 30}$$

本题计算得 $K = 0.009\text{m}^{2.5}/\text{s}$

$$\left(z_1 + \frac{p_1}{\rho g}\right) - \left(z_2 + \frac{p_2}{\rho g}\right) = \Delta h = 0.6\text{m}$$

或

$$\left(z_1 + \frac{p_1}{\rho g}\right) - \left(z_2 + \frac{p_2}{\rho g}\right) = \left(\frac{\rho_{\text{Hg}} - \rho}{\rho}\right) h_p = 12.6 h_p \approx 0.6\text{m}$$

代入式（3 − 30），得到实测流量为

$$Q = (0.98 \times 0.009 \times \sqrt{0.6})\,\mathrm{m^3/s} = 6.83 \times 10^{-3}\,\mathrm{m^3/s}$$

3.5.5 水头线

用能量方程计算一元流动，能够求出水流某些断面的流速和压强。用总水头线（total head line）和测压管水头线（piezometric head line）的几何图示来表示一元总流全程的能量变化（图3-21）。

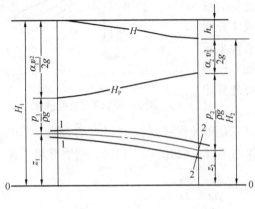

图 3-21 水头线

总水头线是沿程各断面总水头 $H = z + \dfrac{p}{\rho g} + \dfrac{\alpha v^2}{2g}$ 的连线。

粘性流体的伯努利方程写为上下游两断面总水头 H_1 和 H_2 的形式为

$$H_1 = H_2 + h_w \qquad (3-31)$$

或 $\qquad H_2 = H_1 - h_w$

即每一个断面的总水头，是上游断面总水头减去两断面之间的水头损失。根据这个关系，从最上游断面起，沿流向依次减去水头损失，求出各断面的总水头，将这些总水头，以水流本身高度的尺寸比例，直接点绘在水流上。这样联成的线，就是总水头线。由此可见，总水头线是沿水流逐段减去水头损失绘出来的，粘性流体的总水头线沿程单调下降。

水头损失按决定其分布性质的边界条件而分为两类。一是沿程损失，均匀分布在某一流段全部流程上的流动阻力称为沿程阻力，流体流动克服沿程阻力而消耗的能量称为沿程损失（图3-21），单位重量流体沿程损失用 h_f 表示。二是局部损失，集中在某一局部流段，由于边界几何条件的急剧改变而引起的对流体流动的阻力称为局部阻力，流体流动克服局部阻力而消耗的能量称为局部损失（图3-21），单位重量流体局部损失用 h_m 表示。任何两过流断面间的能量损失 h_w，可视为两断面间每个个别能量损失的简单总和，即为

$$h_w = \sum h_f + \sum h_m \qquad (3-32)$$

在绘制总水头线时，需注意区分沿程损失和局部损失在总水头线上的不同表现形式。沿程损失假设为沿管线均匀发生，表现为沿管长倾斜下降的直线。局部损失假设为在局部障碍处集中作用，一般的表现为在局部障碍处铅直下降的直线。对于渐扩管或渐缩管等，也可近似处理成损失在它们的全长上均匀分布，而非集中在一点（图3-22）。

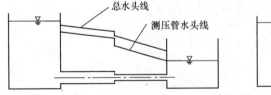

图 3-22 总水头线和测压管水头线

测压管水头 $H_p = z + \dfrac{p}{\rho g}$ 是同一断面总水头与流速水头之差，根据这个关系，从断面的总水头减去同一断面的流速水头，即得该断面的测压管水头，将各断面的测压管水头联成的

线，就是测压管水头线。所以，测压管水头线是根据总水头线减去流速水头绘出的。此线沿程可升、可降，也可不变（图 3 - 22）。

3.5.6　恒定气流的伯努利方程

总流的伯努利方程虽然是在不可压缩流动模型的基础上提出的，但在流速不高（小于 68m/s），压缩变化不大的情况下，同样可以应用于气体。

当伯努利方程应用于气体流动时，由于气流的密度同外部空气的密度是相同的数量级，在用相对压强计算时，需要考虑外部大气压在不同高度的差值。

设恒定气流（图 3 - 23），密度为 ρ，外部气流的密度为 ρ_a，过流断面上计算点的绝对压强为 p'_1 和 p'_2。

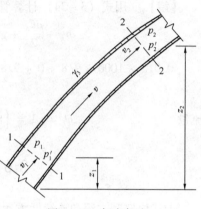

对 1 - 1 和 2 - 2 断面列伯努利方程，令 $\alpha_1 = \alpha_2 = 1$

$$z_1 + \frac{p'_1}{\rho g} + \frac{v_1^2}{2g} = z_2 + \frac{p'_2}{\rho g} + \frac{v_2^2}{2g} + h_w$$

进行气流计算，通常把上式表示为压强的形式，即

$$\rho g z_1 + p'_1 + \frac{\rho v_1^2}{2} = \rho g z_2 + p'_2 + \frac{\rho v_2^2}{2} + p_w$$

$$(3 - 33)$$

式中　p_w——压强损失，$p_w = \rho g h_w$。

图 3 - 23　恒定气流

将式（3 - 33）中的压强用相对压强 p_1、p_2 表示

$$p'_1 = p_1 + p_{a1}$$
$$p'_2 = p_2 + p_{a2}$$

又

$$p_{a1} = p_{a2} + \rho_a g h$$

代入（3 - 33），整理得

$$p_1 + \frac{\rho v_1^2}{2} + g(\rho_a - \rho)(z_2 - z_1) = p_2 + \frac{\rho v_2^2}{2} + p_w$$

$$(3 - 34)$$

式中的 p_1、p_2 称为静压；$\frac{\rho v_1^2}{2}$、$\frac{\rho v_2^2}{2}$ 称为动压；$g(\rho_a - \rho)(z_2 - z_1)$ 为 1 - 1 断面相对于 2 - 2 断面单位体积气体的位能，称为位压。静压和动压之和称为全压；静压、动压和位压三项之和称为总压。

式（3 - 34）是以相对压强计算的恒定气流伯努利方程。

当气流的密度和外界空气的密度相同（$\rho = \rho_a$），或两计算点的高度相同（$z_1 = z_2$）时，位压项为零，式（3 - 34）化简为

$$p_1 + \frac{\rho v_1^2}{2} = p_2 + \frac{\rho v_2^2}{2} + p_w$$

$$(3 - 35)$$

当气流的密度远大于外界空气密度（$\rho \gg \rho_a$），此时相当于液体流动，式（3 - 34）中的 ρ_a 可以忽略不计，认为各点的当地大气压相同。式（3 - 34）除以 ρg，化简得

$$z_1 + \frac{p_1}{\rho g} + \frac{v_1^2}{2g} = z_1 + \frac{p_2}{\rho g} + \frac{v_2^2}{2g} + h_w$$

由此可见，对于液体，压强 p_1、p_2 不论是绝对压强，还是相对压强，只要代入伯努利方程的压强基准统一，伯努利方程方程形式不变。

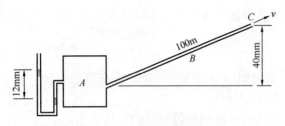

图 3 - 24　求管中的流速和流量

【例 3 - 6】　密度为 $\rho = 0.8\text{kg/m}^3$ 的煤气由压强为 $12\text{mmH}_2\text{O}$ 的静压箱 A（图 3 - 24），经过直径为 10cm，长度为 100m 的管 B 流出到大气中，高差为 40m。沿程均匀作用的压强损失为 $p_\text{w} = 9\dfrac{\rho v^2}{2}$，试求管中的流速和流量（$\rho_\text{a} = 1.2\text{kg/m}^3$）。

【解】　用式（3 - 34）计算管中流速，取 A 和 C 断面列伯努利方程。

$$p_\text{A} + \frac{\rho v_\text{A}^2}{2} + g(\rho_\text{a} - \rho)(z_\text{C} - z_\text{A}) = p_\text{C} + \frac{\rho v_\text{C}^2}{2} + p_\text{w}$$

$$0.012 \times 1000 \times 9.8 + 0 + 9.8 \times (1.2 - 0.8) \times 40 = 0 + 0.8 \times \frac{v^2}{2} + 9 \times 0.8 \times \frac{v^2}{2}$$

$$v = 8.28\text{m/s}$$

流量　　$$Q = vA = \left(8.28 \times \frac{\pi}{4} \times 0.1^2\right)\text{m}^3/\text{s} = 0.065\text{m}^3\text{s}$$

3.6　恒定总流动量方程

前述伯努利方程和连续性方程的主要作用是解决一元流动的流速或压强。现在再提出第三个基本方程，它的主要作用是要解决作用力，特别是流体与固体之间的总作用力，这就是动量方程（momentum equation）。

在固体力学中，我们知道，物体质量 m 和流速 v 的乘积 mv 成为物体的动量。作用于物体的所有外力的合力 ΣF 和作用时间 $\text{d}t$ 的乘积 $\Sigma F \cdot \text{d}t$ 称为冲量。动量定律指出，作用于物体的冲量等于物体的动量增量，即

$$\Sigma \vec{F} \text{d}t = \text{d}(m\vec{u})$$

现将此方程用于一元流动。取某时刻两断面间的元流为控制体（图 3 - 25），分析控制体内流体在 $\text{d}t$ 时间内的动量的增量和外力的关系。

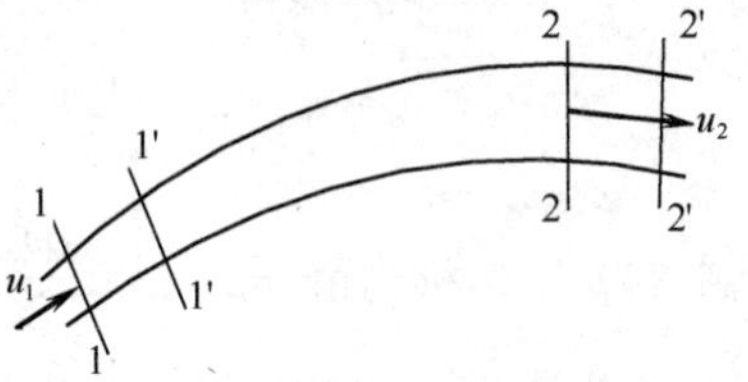

在恒定元流中，取 1 - 1 和 2 - 2 两渐变流断面。分析 $\text{d}t$ 时段前后的动量变化为

图 3 - 25　动量方程的推导

$$\text{d}(m\vec{u}) = \rho_2 \text{d}A_2 u_2 \cdot \text{d}t \cdot \vec{u}_2 - \rho_1 \text{d}A_1 u_1 \cdot \text{d}t \cdot \vec{u}_1$$

由动量定理，

$$\Sigma \vec{F} \cdot \text{d}t = \text{d}(m\vec{u}) = \rho_2 \text{d}A_2 u_2 \cdot \text{d}t \cdot \vec{u}_2 - \rho_1 \text{d}A_1 u_1 \cdot \text{d}t \cdot \vec{u}_1$$

上式除以 $\text{d}t$

$$\Sigma \vec{F} = \rho_2 \text{d}A_2 u_2 \cdot \vec{u}_2 - \rho_1 \text{d}A_1 u_1 \cdot \vec{u}_1$$

总流的动量方程，引入修正系数，以断面平均流速 v 代替元流流速 u，积分得

$$\Sigma \vec{F} = \beta_2 \rho A_2 v_2 \cdot \vec{v}_2 - \beta_1 \rho A_1 v_1 \cdot \vec{v}_1$$

式中　β——为修正以断面平均流速计算的动量与实际动量的差值而引入的修正系数，称为动量修正系数（momentum correction factor），其定义式是

$$\beta = \frac{\int_A u^2 \mathrm{d}A}{Av^2} \tag{3-36}$$

β 取决于断面流速分布的不均匀性。不均匀性越大，β 越大。流速分布较均匀的流动，$\beta = 1.02 \sim 1.05$，工程计算中，通常 $\beta = 1.0$。

当流体为不可压缩流体 $\rho_1 = \rho_2 = \rho$，又 $Q_1 = A_1 v_1$、$Q_2 = A_2 v_2$ 得

$$\Sigma \vec{F} = \beta_2 \rho Q_2 \vec{v_2} - \beta_1 \rho Q_1 \vec{v_1} \tag{3-37}$$

式（3-37）在直角坐标系中的分量式为

$$\left. \begin{aligned} \Sigma F_x &= \beta_2 \rho Q_2 v_{2x} - \beta_1 \rho Q_1 v_{1x} \\ \Sigma F_y &= \beta_2 \rho Q_2 v_{2y} - \beta_1 \rho Q_1 v_{1y} \\ \Sigma F_z &= \beta_2 \rho Q_2 v_{2z} - \beta_1 \rho Q_1 v_{1z} \end{aligned} \right\} \tag{3-38}$$

式（3-37）、式（3-38）就是恒定总流的动量方程，方程表明，作用于控制体的外力之和等于控制体净流出的动量。式（3-37）（3-38）的应用条件：不可压缩流体、恒定流、过流断面为渐变流。下面通过例题说明动量方程的应用步骤。

【例3-7】　水在直径为 100mm 的 60° 水平弯管中，以 5m/s 的流速流动（图 3-36）。弯管前端的压强为 0.1at，如不计水头损失，也不考虑重力作用，求水流对弯管的作用力。

【解】

（1）确定控制体。取控制体 1-1 断面至2-2 断面间的弯管占有的空间。

（2）选择坐标系。坐标系选择如图所示。

（3）对控制体内流体进行受力分析。由于不考虑重力，受力有：1-1 断面的压力 P_1；2-2断面的压力 P_2，弯管其余表面对流体的

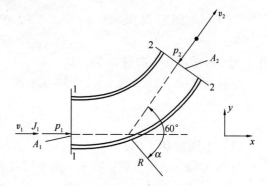

图 3-26　水流对弯管的作用力

作用力 $\vec{R}$，由于 $\vec{R}$ 的方向未知，可任意假设某方向。本题设 $\vec{R}$ 与 x 轴的夹角为 α。

（4）建立动量方程。取 $\beta_1 = \beta_2 = 1$

$$\Sigma F_x = p_1 A_1 - p_2 A_2 \cos 60^\circ - R \cos \alpha$$

$$\Sigma F_y = - p_2 A_2 \sin 60^\circ + R \sin \alpha$$

分别代入式（3-38）x 和 y 方向的动量方程，得

$$p_1 A_1 - p_2 A_2 \cos 60^\circ - R \cos \alpha = \rho Q_2 v_2 \cos 60^\circ - \rho Q_1 v_1$$

$$- p_2 A_2 \sin 60^\circ + R \sin \alpha = \rho Q_2 v_2 \sin 60^\circ - 0$$

未知压强 p_2 应根据伯努利方程

$$z_1 + \frac{p_1}{\rho g} + \frac{v_1^2}{2g} = z_1 + \frac{p_2}{\rho g} + \frac{v_2^2}{2g}$$

求出。由于 $z_1 = z_2$，$v_1 = v_2 = v$，故 $p_1 = p_2 = 9800\text{N/m}^2$

又因为 $Q_1 = Q_2 = vA = 3.93 \times 10^{-2} \text{m}^3/\text{s}$

代入动量方程，求得

$$R = 272\text{N} \qquad \alpha = 60°$$

（5）答案及其分析。由于水流对弯管的作用力与弯管对水的作用力大小相等方向相反。因此水流对弯管的作用力 $\vec{F}$：

$$\vec{F} = -\vec{R}$$

水流对弯管的作用力 $F = 272\text{N}$，方向与 R 方向相反。

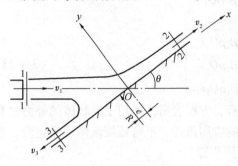

图 3 – 27　射流

【例 3 – 8】　水平方向的水射流，流量 Q_1，出口流速 v_1，在大气中冲击前面设置的光滑平板上，射流轴线与平板成 θ 角（图 3 – 27），不计水流在平板上的阻力，试求（1）沿水平的流量 Q_2、Q_3；（2）射流对平板的作用力。

确定控制体。取 1 – 1、2 – 2、3 – 3 断面及射流侧表面与平板内壁为控制体。选择坐标系。坐标 xoy 如图所示。控制体内流体受力分析。在大气中射流，控制面内各点的相对压强为零。因不计水流在平板上的阻力，设平板对水流的作用力 R 与平板垂直，方向与 oy 轴同向。

分别对 1 – 1、2 – 2 及 1 – 1、3 – 3 断面列伯努利方程，因 $p_1 = p_2 = p_3 = 0$，$z_1 = z_2 = z_3$，可得

$$v_1 = v_2 = v_3$$

（1）求流量 Q_2、Q_3；

列 ox 方向的动量方程，取 $\beta_1 = \beta_2 = 1$，$\Sigma F_x = 0$，故

$$0 = \rho Q_2 v_2 + (- \rho Q_3 v_3) - \rho Q_1 v_1 \cos \theta$$

$$Q_2 - Q_3 = Q_1 \cos \theta$$

由连续性方程

$$Q_2 + Q_3 = Q_1$$

联立解得

$$Q_2 = \frac{Q_1}{2}(1 + \cos \theta)$$

$$Q_3 = \frac{Q_1}{2}(1 - \cos \theta)$$

（2）求射流对平板的作用力

列 oy 方向的动量方程，取 $\beta_1 = \beta_2 = 1$，$\Sigma F_y = R$，故

$$R = 0 - (- \rho Q_1 v_1 \sin \theta) = \rho Q_1 v_1 \sin \theta$$

答案及其分析。由于射流对平板的作用力与平板对射流的作用力大小相等方向相反，因此射流对平板的作用力 $\vec{F}$：

$$\vec{F} = -\vec{R}$$

$F = \rho Q_1 v_1 \sin \theta$，方向与 R 方向相反。

本章习题

选择题（单选题）

3.1　恒定流是：（a）流动随时间按一定规律变化；（b）流场中任意空间点的运动要素不随时间变化；（c）各过流断面的流速分布相同；（d）各过流断面的压强相同。

3.2　在恒定流条件下：（a）流线和迹线正交；（b）流线和迹线重合；（c）流线是平行直线；（d）迹线是平行直线。

3.3　变直径管，直径由 100mm 扩大到 200mm，直径变大后的流速为 1.5m/s，直径变化前的流速为：（a）2m/s；（b）3m/s；（c）6m/s；（d）9m/s。

3.4　等直径管（图 3-28），$A-A$ 断面为过流断面，$B-B$ 断面为水平面 1、2、3、4 各点的运动物理量有以下关系：（a）$z_1 + \dfrac{p_1}{\rho g} = z_2 + \dfrac{p_2}{\rho g}$；（b）$p_3 = p_4$；（c）$p_1 = p_2$；（d）$z_3 + \dfrac{p_3}{\rho g} = z_4 + \dfrac{p_4}{\rho g}$

3.5　条件同上题，考虑损失，各点的运动物理量有以下关系：

（a）$z_1 + \dfrac{p_1}{\rho g} > z_2 + \dfrac{p_2}{\rho g}$；（b）$p_3 = p_4$；（c）$p_1 = p_2$；（d）$z_3 + \dfrac{p_3}{\rho g} > z_4 + \dfrac{p_4}{\rho g}$

3.6　总流能量方程中 $z + \dfrac{p}{\rho g} + \dfrac{\alpha v^2}{2g}$ 表示：（a）单位重量流体具有的机械能；（b）单位质量流体具有的机械能；（c）单位体积流体具有的机械能；（d）通过过流断面流体的总机械能。

3.7　水平放置的渐扩管（图 3-29），如忽略水头损失，断面形心点的压强有以下关系：（a）$p_1 > p_2$；（b）$p_1 = p_2$；（c）$p_1 < p_2$；（d）不定。

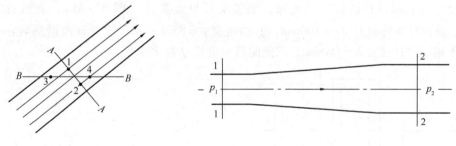

图 3-28　题 3.4 图　　　　　　　　　　　图 3-29　题 3.7 图

3.8　粘性流体总水头线沿程的变化是：（a）沿程下降；（b）沿程上升；（c）保持水平；（d）前三种情况都有可能。

3.9　粘性流体测压管水头线的沿程变化是：（a）沿程下降；（b）沿程上升；（c）保持水平；（d）前三种情况都有可能。

计算题

3.10　用水银比压计量测管中水流某过流断面中点 A 流速 u（图 3-30）。测得 A 点的比压计读数 $\Delta h = 60$mm 汞柱。（1）求该点 A 的流速 u；（2）若管中流体是密度为 0.8g/cm^3 的油，Δh 仍不变，该点流速为若干，不计损失。

3.11　管路由不同直径的两管前后相连接所组成（图 3-31），小管直径 $d_A = 0.2$m，大管直径 $d_B = 0.4$m。水在管中流动时，A 点压强 $p_A = 70$kN/m^2，B 点压强 $p_B = 40$kN/m^2，B 点

流速为 $v_B = 1m/s$。试判断水在管中流动方向。并计算水流经两断面间的水头损失。

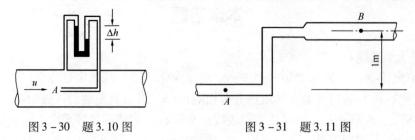

图 3 – 30　题 3.10 图　　　　　图 3 – 31　题 3.11 图

3.12　一压缩空气罐与文丘里式的引射管连接（图 3 – 32），d_1，d_2，h 均为已知，问气罐压强 p_0 多大方才能将 B 池水抽出。

3.13　如图 3 – 33 所示，闸门关闭时的压力表读数为 $49kN/m^2$，闸门打开后，压力表读数为 $0.98kN/m^2$，由管进口到闸门的水头损失为 1m，求管中的平均流速。

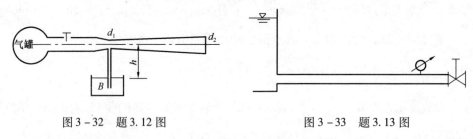

图 3 – 32　题 3.12 图　　　　　图 3 – 33　题 3.13 图

3.14　计算管线流量（图 3 – 34），管出口 $d = 50mm$，求出 A、B、C、D 各点的压强，不计水头损失。

3.15　为了测量石油管道的流量，安装文丘里流量计（图 3 – 35），管道直径 $d_1 = 200mm$，流量计喉管直径 $d_2 = 100mm$，石油密度 $\rho = 850kg/m^3$，流量计流量系数 $\mu = 0.95$。现测得水银压差计读数 $h = 150mm$，问此时管中流量 Q 是多少?

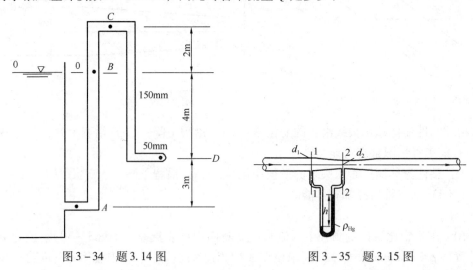

图 3 – 34　题 3.14 图　　　　　图 3 – 35　题 3.15 图

3.16　离心式通风机用集流器从大气中吸入密度 $\rho = 1.2kg/m^3$ 空气，直径 $d = 100mm$ 处接一根细玻璃管（图 3 – 36），已知管中的水上升 $h_0 = 12mm$，不考虑损失，求进气流量。

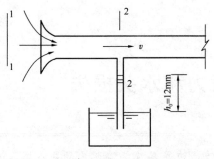

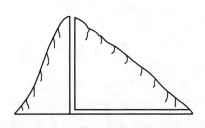

图 3-36　题 3.16 图　　　　　　　　图 3-37　题 3.17 图

3.17　图 3-37 为矿井竖井和横向坑道相连，竖井高为 200m，坑道长 300m，坑道和竖井内气温保持恒定 $t=15℃$，密度 $\rho=1.18kg/m^3$，坑外气温清晨为 5℃，$\rho_0=1.29kg/m^3$，中午为 20℃，$\rho_0=1.16kg/m^3$，问早午空气的气流流向及气流流速。假定总的损失为 9 倍的动压。

3.18　水力采煤过程中，用水枪在高压下喷射强力水柱冲击煤层（图 3-38），喷嘴出口直径 $d=30mm$，出口水流速 $v=54m/s$，求水流对煤层的冲击力。

3.19　高压管末端的喷嘴（图 3-39），出口直径 $d=10cm$，管端直径 $D=40cm$，流量 $Q=0.4m^3/s$，喷嘴和管以法兰盘连接，共用 12 个螺栓，不计水和管嘴的重量，求每个螺栓受力多少？

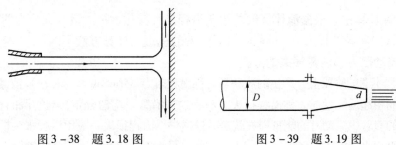

图 3-38　题 3.18 图　　　　　　图 3-39　题 3.19 图

3.20　直径为 $d_1=700mm$ 的管道在支承面上分支为 $d_2=500mm$ 的两支管（图 3-40），$A-A$ 断面压强为 $70kN/m^2$，管道流量 $Q=0.6m^3/s$，两支管流量相等：（1）不计水头损失，求支敦受水平推力。（2）水头损失为支管流速水头的 5 倍，求支敦受水平推力。不考虑螺栓连接的作用。

3.21　闸下出流（图 3-41），平板闸门宽 $b=2m$，闸前水深 $h_1=4m$，闸后水深 $h_2=0.5m$，出流流量 $Q=8m^3/s$，不计摩擦阻力，试求水流对闸门的作用力。

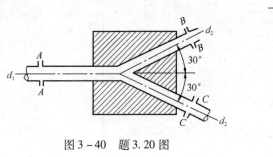

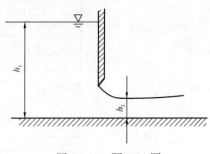

图 3-40　题 3.20 图　　　　　　图 3-41　题 3.21 图

第4章 流动阻力和水头损失

教学要求：理解沿程损失、局部损失、层流紊流、边界层及绕流阻力的基本概念及有关公式；掌握圆管中层流运动的计算；掌握管路中沿程水头损失和局部水头损失计算。

不可压缩流体在流动过程中，因相对运动，流体各质点之间存在着切应力做功，流体与固体壁面之间存在着摩擦力做功，都消耗了流体自身所具有的机械能，这部分能量均不可逆地转化为热能。因此，为了得到能量损失的规律，必须分析各种阻力和壁面的特征，研究产生各种阻力的机理。

4.1 沿程损失和局部损失

在工程设计计算中，根据流体接触的边壁沿程是否变化，把能量损失分为两类：沿程损失（friction loss）和局部损失（minor loss）。二者的机理和计算方法不同。

4.1.1 流动阻力和能量损失的分类

在边壁沿程不变的管段上，产生的流动阻力称沿程阻力（friction resistance）或摩擦阻力。因克服沿程阻力而引起的能量损失称沿程损失。沿程损失沿管段均匀分布，与管段的长度成正比。流体在等管径的直管中流动时的能量损失就是沿程损失。沿程损失一般用沿程水头损失或沿程压强损失表示，沿程水头损失（friction head loss）的符号为 h_f，沿程压强损失的符号为 p_f。

在边界急剧变化的区域，阻力主要集中在该区域内及其附近，称这种阻力为局部阻力。因克服局部阻力而引起的能量损失称局部损失。发生在管道进出口，变径管、弯头、三通、阀门等处的能量损失都是局部损失，同样局部损失一般用局部水头损失或局部压强损失表示，局部水头损失（minor head loss）的符号为 h_m，局部压强损失的符号为 p_m。

整个管路（图 4-1）流动，ab、bc、cd 各段只有沿程阻力，产生的沿程水头损失分别为 h_{fab}、h_{fbc}、h_{fcd}；管道进口、管径突缩及阀门处产生局部阻力，h_{ma}、h_{mb}、h_{mc} 是各处的局

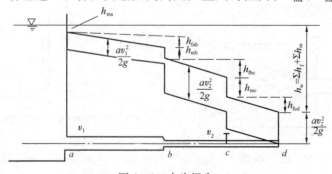

图 4-1 水头损失

部水头损失。整个管路的水头损失等于各管段的沿程水头损失和局部水头损失的总和，即

$$h_w = \Sigma h_f + \Sigma h_m = h_{fab} + h_{fbc} + h_{fcd} + h_{ma} + h_{mb} + h_{mc} \qquad (4-1)$$

气体管路的机械能损失用压强损失计算，即

$$p_w = \Sigma p_f + \Sigma p_m \qquad (4-2)$$

压强损失与水头损失的关系为

$$p_w = \rho g h_w; \quad p_f = \rho g h_f; \quad p_m = \rho g h_m$$

4.1.2　损失的计算公式

损失的计算公式是长期工程实践的经验总结。19 世纪中叶法国工程师达西（Darcy，H. 1803~1858）和德国水利学家魏斯巴赫（Weisbahach，J. L. 1806~1871）在总结前人实验的基础上，提出圆管沿程水头损失计算公式：

$$h_f = \lambda \frac{l}{d} \frac{v^2}{2g} \qquad (4-3)$$

式中　h_f——沿程水头损失，m；

　　　l——管长，m；

　　　d——管径，m；

　　　v——断面平均流速，m/s；

　　　g——重力加速度，m/s^2；

　　　λ——沿程阻力系数（friction resistance coefficient）。

在实验的基础上，得出局部水头损失的计算式：

$$h_m = \zeta \frac{v^2}{2g} \qquad (4-4)$$

式中　h_m——局部水头损失，m；

　　　ζ——局部阻力系数（minor resistance coefficient）；

　　　v——和 ζ 对应的断面平均流速，m/s。

用压强损失表达，则为：

$$p_f = \lambda \frac{l}{d} \frac{\rho v^2}{2} \qquad (4-5)$$

$$p_m = \zeta \frac{\rho v^2}{2} \qquad (4-6)$$

式中　p_f——沿程压强损失，Pa；

　　　p_m——局部压强损失，Pa；

　　　ρ——流体的密度，kg/m^3。

这些公式是长期工程实践的经验总结，水头损失问题的核心是确定各种流动条件下的无因次系数 λ 和 ζ，除了少数简单情况，主要使用经验或半经验公式获得。从应用角度而言，本章的主要内容就是计算沿程阻力系数 λ 和局部阻力系数 ζ，这也是本章的主线。

4.2　层流与紊流，雷诺数

从 19 世纪 30 年代，就已经发现沿程水头损失和流速有一定的关系。在流速很小时，沿程水头损失和流速的一次方成比例，在流速很大时，沿程水头损失与流速的平方成比例。直

到 1880 ~ 1883 年，英国物理学家雷诺（Reynold, O. 1842 ~1912）经过实验研究发现，水头损失规律之所以不同，是因为粘性流体存在着两种不同的流动状态。

4.2.1 层流与紊流

雷诺实验装置如图 4 – 2 所示。由水箱 A 引出玻璃管 B，末端装有阀门 C，在水箱上部的容器 D 中装有密度和水接近的带颜色的水，打开阀门 F，水就可经针管 E 注入管 B 中。

实验时保持水箱 A 内水位恒定，稍许开启阀门 C，使玻璃管 B 内保持较低的流速。再打开阀门 F，颜色水经针管 E 流出。这时可见玻璃管 B 内的颜色水成一条界线分明的纤流，与周围清水不相混合 ［图 4 – 2（a）］。表明玻璃管 B 中的水呈层状流动，各层质点互不掺混，这种流动状态称为层流（laminar flow）。逐渐开大阀门 C，玻璃管 B 内流速增大到某一临界值 v_c' 时，颜色水纤流出现抖动 ［图 4 – 2（b）］，再开大阀门 C，颜色水纤流破散并与周围清水混合，使玻璃管 B 整个断面都带颜色 ［图 4 – 2（c）］，表明此时质点的运动轨迹极不规则，各层质点相互掺混，这种流动状态称为紊流（turbulent flow）。

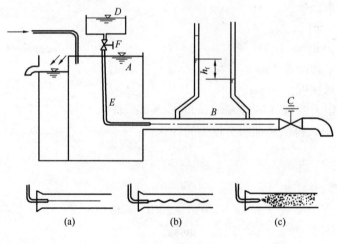

图 4 – 2　雷诺实验

若实验时流速由大变小，则上述观察到的现象按相反程序重演，但由紊流转变为层流的临界流速 v_c 小于由层流转变为紊流的临界流速 v_c'，v_c' 称为上临界流速，v_c 为下临界流速。

实验进一步表明：对于特定的流动装置上临界流速 v_c' 是不固定的，随着流动的起始条件和实验条件的扰动程度不同，v_c' 值可有很大的差异；但是下临界流速 v_c 却是不变的。在实际工程中，扰动普遍存在，上临界流速 v_c' 没有实际意义，以后所指的临界流速即是下临界流速 v_c。

在管 B 的断面 1、2 处加两根测压管，根据伯努利方程，测压管的液面差即是断面 1、2 间的沿程水头损失。用阀门 C 调节流量，通过测量流量就可以得到沿程水头损失与断面平均流速的关系曲线 $h_f \sim v$，如图 4 – 3 所示。

实验曲线 $OABDE$ 是当流速由小变大时获得；而流速由大变小时的实验曲线是 $EDCAO$。其中 AD 部分不重合。图中点 B 对应的流速是上临界流速 v_c'，点 A 对应的是下临界流速 v_c。AC 段和 BD 段实验点分布比较散乱，是流态不稳定的过渡区域。

此外，由图 4 – 3 可分析得

$$h_f = Kv^m$$

流速小时，即 OA 段，$m = 1$，沿程水头损失和流速的一次方成正比。流速较大时，在 CDE 段，$m = 1.75 \sim 2.0$。线段 AC 或 BD 的斜率均大于 2。

4.2.2　雷诺数

1. 圆管流雷诺数

因为流态不同，沿程水头损失的规律不同。所以计算沿程水头损失之前需对流态作出判断。临界流速 v_c 是该流动情况下层流与紊流的转变流速，它与哪些因素有关呢？雷诺实验发现，临界流速 v_c 与流体的粘度 μ 成正比，与流体的密度 ρ 和管径 d 成反比，即

$$v_c \propto \frac{\mu}{\rho d}$$

写成等式

$$v_c = Re_c \frac{\mu}{\rho d}$$

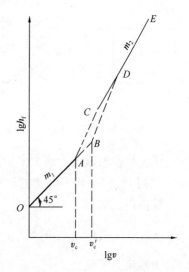

图 4 – 3　$h_f \sim v$ 关系图

式中　Re_c——比例常数，是不随管径 d 大小和流体物性（μ、ρ）变化的无量纲数。

$$Re_c = \frac{v_c \rho d}{\mu} = \frac{v_c d}{\nu} \qquad (4-7)$$

Re_c 称为临界雷诺数（critical Reynold's number）。实验表明：尽管当管径或流动介质不同时，临界流速不同，但对于任何管径和任何牛顿流体，判别流态的临界雷诺数却是相同的，其值约为 2000 左右，取 $Re_c = 2000$。

用临界雷诺数作判别流态的标准，应用起来十分简便。只需计算出管流的雷诺数（Reynold's number）Re

$$Re = \frac{vd}{\nu} = \frac{\rho vd}{\mu} \qquad (4-8)$$

将 Re 值与 $Re_c = 2000$ 比较，便可判断流态：

$$层流 \quad Re \leqslant Re_c$$

$$紊流 \quad Re > Re_c$$

2. 非圆管雷诺数

对于明渠流和非圆断面管流，引入综合反映断面大小和几何形状对流动影响的特征尺寸即水力半径（hydraulic radius）R 和当量直径（equivalent diameter）d_e，其定义为

$$R = \frac{A}{x} \quad d_e = 4R \qquad (4-9)$$

式中　d_e——当量直径，m；

R——水力半径，m；

A——过流断面面积，m^2；

x——湿周（wetted perimeter）：是过流断面上流体与固体壁面接触的周长，m。

对于非圆断面管流，用当量直径 d_e 代替圆管雷诺数中的直径 d，同样可以用雷诺数判

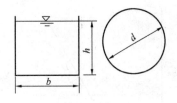

图 4-4　水力半径

断流态，其临界雷诺数仍为 2000。如图 4-4 所示，矩形断面渠道：$x = 2h + b$，$R = \dfrac{bh}{2h + b}$，$d_e = \dfrac{4bh}{2h + b}$；圆形断面满管管流：$x = \pi d$，$R = \dfrac{\pi d^2}{4\pi d} = \dfrac{d}{4}$，$d_e = 4R = d$。

【例 4-1】　有一内径 $d = 25\text{mm}$ 的水管，如管中流速 $v = 1.0\text{m/s}$，水温为 10℃，（1）试判别水的流态。（2）管内保持层流状态的最大流速为多少？

【解】　（1）10℃时水的运动粘度 $\nu = 1.31 \times 10^{-6}\text{m}^2/\text{s}$

管内雷诺数为

$$Re = \frac{vd}{\nu} = \frac{1.0\text{m/s} \times 0.025\text{m}}{1.31 \times 10^{-6}\text{m}^2/\text{s}} = 19084 > 2000$$

故管中水流为紊流。

（2）管内保持层流状态的最大流速就是临界流速 v_c

由于

$$Re_c = \frac{v_c d}{\nu} = 2000$$

所以

$$v_c = Re_c \frac{\nu}{d} = 2000 \times \frac{1.31 \times 10^{-6}\text{m}^2/\text{s}}{0.025\text{m}} = 0.105\text{m/s}$$

【例 4-2】　某煤气管道，管道内径为 15mm，煤气流量为 $2\text{m}^3/\text{h}$，煤气的运动粘度为 $26.3 \times 10^{-6}\text{m}^2/\text{s}$，试判断该煤气管内的流态。

【解】　管内煤气流速

$$v = \frac{Q}{A} = \frac{\dfrac{2}{3600}\text{m}^3/\text{s}}{\dfrac{\pi}{4} \times (0.015\text{m})^2} = 3.15\text{m/s}$$

雷诺数为

$$Re = \frac{vd}{\nu} = \frac{3.15\text{m/s} \times 0.015\text{m}}{26.3 \times 10^{-6}\text{m}^2/\text{s}} = 1797 < 2000$$

故管中为层流。

4.2.3　流态分析

1. 层流到紊流的转变

层流和紊流的根本区别在于层流各流层间互不掺混，只存在粘性引起的各流层间的滑动摩擦阻力；紊流时则有大小不等的涡体动荡于各流层间。除了粘性阻力，还存在着由于质点间互相掺混，互相碰撞所造成的惯性阻力。因此，紊流阻力比层流阻力大得多。

层流到紊流的转变是与涡体的产生联系在一起的。图 4-5 绘出了涡体产生的过程。

设流体原来做直线层流运动。由于某种原因的干扰，层流发生波动［图 4-5（a）］。于是在波峰一侧断面受到压缩，流速增大，压强降低；在波谷一侧由于过流断面增大，流速减小，压强增大。因此层流受到［图 4-5（b）］中箭头所示的压差作用。这将使波动进一步加大［图 4-5（c）］，终于发展成涡体。涡体形成后，由于其一侧的旋转切线速度与流动方向一致，故流速较大，压强较小。而另一侧的旋转切线速度与流动方向相反，流速较

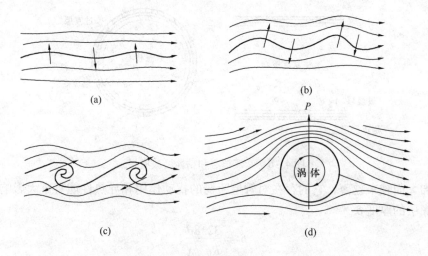

图 4 - 5　层流到紊流的转变过程

小，压强较大。于是涡流在其两侧压差作用下，将由一层转到另一层［图 4 - 5（d）］，这就是紊流掺混的原因。

层流受扰动后，当粘性的稳定作用起主导作用时，扰动就受到粘性的阻滞而衰减下来，层流是稳定的。当扰动占上风，粘性的稳定作用无法使扰动衰减下来，于是流动便变为紊流。因此，流动呈现什么流态，取决于扰动的惯性作用和粘性的稳定作用相互较量的结果。

2. 雷诺数的物理意义

雷诺数之所以能判断流态，正是因为它反映了惯性力和粘性力的对比关系。下面用量纲对雷诺数进行分析。

$$\dim(\text{惯性力}) = \dim(m) \cdot \dim(a) = \dim\rho \cdot (\dim L)^3 \cdot \frac{\dim L}{(\dim T)^2} = \dim \rho \cdot (\dim L)^2 \cdot (\dim v)^2$$

$$\dim(\text{粘性力}) = \dim \mu \cdot \dim A \cdot \dim\left(\frac{\mathrm{d}u}{\mathrm{d}y}\right) = \dim \mu \cdot (\dim L)^2 \cdot \frac{\dim v}{\dim L}$$

$$\frac{\dim(\text{惯性力})}{\dim(\text{粘性力})} = \frac{\dim \rho \cdot \dim L \cdot \dim v}{\dim\mu} = \dim Re$$

当 $Re < 2000$，流动受粘性作用控制，流体受扰动而引起的紊动衰减，流体保持层流。随着 Re 增大，粘性作用减弱，惯性对紊流的激励作用增强，当 $Re > 2000$，流动受惯性作用控制，流动转变为紊流。

4.2.4　粘性底层

实验表明，在 $Re = 1225$ 左右时，流动的核心部分就已出现线状的波动和弯曲。随着 Re 的增加，其波动的范围和强度增大，但此时粘性仍起主导作用，层流仍是稳定的。直至 Re 达到 2000 左右时，在流动的核心部分惯性力终于克服粘性力的阻滞而开始产生涡体，掺混现象也就出现了。当 $Re > 2000$ 后，涡体越来越多，掺混也越来越强烈。直到 $Re = 3000 \sim 4000$ 时，除了在邻近管壁的极小区域外，均已发展为紊流。在邻近管壁的极小区域存在着很薄的一层流体，由于固体壁面的阻滞作用，流速较小，惯性力较小，因而仍保持为层流运动。该流层称为粘性底层（viscous sublayer），管中心部分成为紊流核心，在紊流核心与粘性底层之间还存在一个由层流到紊流的过渡层，如图 4 - 6 所示。粘性底层的厚度 δ 随着 Re

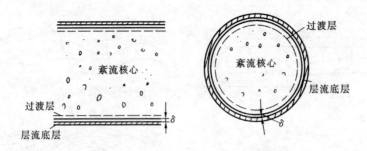

图 4 - 6　紊流核心和粘性层流底层

数的不断加大而越来越薄，它的存在对管壁粗糙的扰动作用和导热性能有重大影响。

粘性底层的厚度 δ

$$\delta = \frac{32.8d}{Re\sqrt{\lambda}} \qquad (4-10)$$

式中　d——圆管直径，m；

　　　Re——雷诺数；

　　　λ——沿程阻力系数。

4.3　沿程水头损失和切应力的关系

本节分析均匀流内部的流层间的切应力，建立沿程水头损失和切应力的关系，找出切应力的变化规律。

4.3.1　均匀流动方程式

在图 4 - 7 所示的恒定均匀流中，对任选的两个断面 1 - 1 和 2 - 2 列伯努利方程，得

$$z_1 + \frac{p_1}{\rho g} + \frac{\alpha_1 v_1^2}{2g} = z_2 + \frac{p_2}{\rho g} + \frac{\alpha_2 v_2^2}{2g} + h_w$$

由均匀流的性质，有

$$\frac{\alpha_1 v_1^2}{2g} = \frac{\alpha_2 v_2^2}{2g}, \quad \text{又 } h_w = h_f$$

代入上式，得

$$h_f = \left(\frac{p_1}{\rho g} + z_1\right) - \left(\frac{p_2}{\rho g} + z_2\right) \quad (4-11)$$

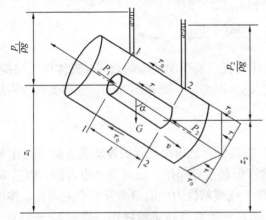

图 4 - 7　圆管均匀流

分析所取流段在流向上的受力平衡条件。设两段面间的距离为 l，过流断面面积 $A_1 = A_2 = A$，在流向上，该流段所受的作用力有重力分量：$\rho g Al\cos\alpha$ ；端面压力：$p_1 A$,$p_2 A$ ；管壁切力：$\tau_0 \cdot l \cdot 2\pi r_0$。其中 τ_0 是管壁切应力；r_0 是圆管半径。

在均匀流中，流体质点作等速运动，加速度为零，因此，以上各力的合力为零，得

$$p_1 A - p_2 A + \rho g Al\cos\alpha - \tau_0 l 2\pi r_0 = 0$$

将 $l\cos\alpha = z_1 - z_2$ 代入整理得

$$\left(z_1 + \frac{p_1}{\rho g}\right) - \left(z_2 + \frac{p_2}{\rho g}\right) = \frac{2\tau_0 l}{\rho g r_0} \qquad (4-12)$$

比较式（4-11）和（4-12），得

$$h_{\mathrm{f}} = \frac{2\tau_0 l}{\rho g r_0} = \frac{\tau_0 l}{\rho g R} \qquad (4-13)$$

$$\tau_0 = \rho g \frac{r_0}{2} J = \rho g R J \qquad (4-14)$$

式中　R——水力半径，$R = A/x = r_0/2$，m；

　　　J——水力坡度（hydraulic slope），$J = h_{\mathrm{f}}/l$。

式（4-13）或（4-14）就是均匀流动方程式。它反映了沿程水头损失和管壁切应力之间的关系。

由于均匀流动方程是根据作用在恒定均匀流段上的外力相平衡得到的平衡关系式，并没有反映流动过程中产生沿程水头损失的物理本质。公式的推导未涉及流体的状态，因此该式对层流和紊流都适用。层流和紊流的切应力的产生和变化有本质区别，故两种流态水头损失的规律不同。

4.3.2　圆管过流断面上切应力分布

在如图 4-7 所示的圆管恒定均匀流中，取半径为 r 的同轴流束，用推导式（4-14）的相同步骤，得出流束的均匀流动方程：

$$\tau = \rho g \frac{r}{2} J \qquad (4-15)$$

比较式（4-15）和（4-14），得

$$\tau/\tau_0 = r/r_0 \qquad (4-16)$$

式（4-16）表明圆管均匀流中，切应力与半径成正比，在断面上按直线规律分布，轴线上切应力为零，在管壁上切应力达最大值（见图 4-7）。

4.4　圆管中的层流运动

4.4.1　流动特征和速度分布

如前所述，层流各流层质点互不掺混，对于圆管来说，各层质点沿平行管轴线方向运动。与管壁接触的一层速度为零，管中心轴上速度最大。圆管中的层流运动，可以看成无数无限薄的圆桶层一个套着一个的相对滑动（图 4-8）。

层流流动各流层间的切应力大小满足牛顿内摩擦定律，即

$$\tau = \mu \frac{\mathrm{d}u}{\mathrm{d}y}$$

这里 $y = r_0 - r$

则

$$\tau = -\mu \frac{\mathrm{d}u}{\mathrm{d}r} \qquad (4-17)$$

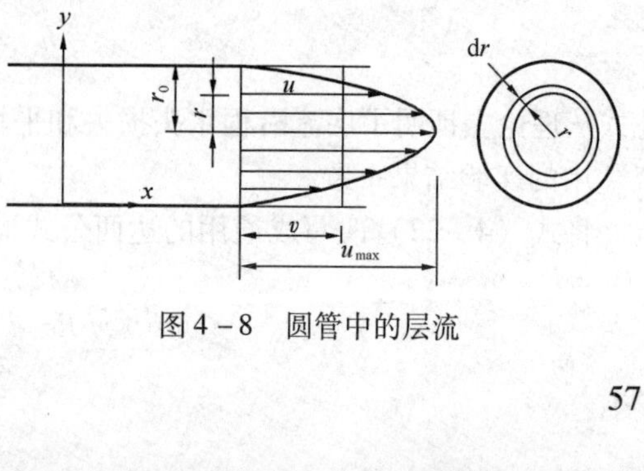

将式（4-17）代入均匀流动方程式（4-15）中，得

图 4-8　圆管中的层流

57

$$-\mu \frac{\mathrm{d}u}{\mathrm{d}r} = \rho g \frac{r}{2} J$$

分离变量

$$\mathrm{d}u = -\frac{\rho g J}{2\mu} r \mathrm{d}r$$

其中 ρg 和 μ 都是常数，在均匀流中，J 值不随 r 变而变，也是常数，积分上式，并代入边界条件：$r = r_0$ 时，$u = 0$，得

$$u = \frac{\rho g J}{4\mu}(r_0^2 - r^2) \tag{4-18}$$

式（4-18）是过流断面上速度分布的解析式，该式为抛物线方程。圆管层流过流断面的流速呈以管中心线为轴的旋转抛物面分布，是圆管层流的重要特征之一。

将 $r = 0$ 代入上式时，得管轴上最大流速为

$$u_{\max} = \frac{\rho g J}{4\mu} r_0^2 = \frac{\rho g J}{16\mu} d^2 \tag{4-19}$$

流量

$$Q = \int_A u \mathrm{d}A = \int_0^{r_0} \frac{\rho g J}{4\mu}(r_0^2 - r^2) \cdot 2\pi r \mathrm{d}r = \frac{\rho g J}{8\mu} \pi r_0^4 = \frac{\rho g J}{128\mu} \pi d^4 \tag{4-20}$$

平均流速

$$v = \frac{Q}{A} = \frac{\rho g J}{8\mu} r_0^2 = \frac{\rho g J}{32\mu} d^2 \tag{4-21}$$

比较式（4-19）和（4-21），得

$$v = \frac{1}{2} u_{\max}$$

即平均流速等于管轴上最大流速的一半。

可见层流的过流断面上流速分布不均，其动能修正系数为

$$\alpha = \frac{\int_A u^3 \mathrm{d}A}{v^3 A} = 2$$

动量修正系数

$$\beta = \frac{\int_A u^2 \mathrm{d}A}{v^2 A} = 1.33$$

4.4.2 沿程水头损失的计算

以 $J = h_f/l$ 代入式（4-21），整理得

$$h_f = \frac{32\mu l}{\rho g d^2} v \tag{4-22}$$

此式从理论上证明了层流沿程水头损失和平均流速的一次方成正比，这与"4.2.1 层流与紊流"中的实验结果一致。

将式（4-22）改写成通用的达西公式形式，即式（4-3），则

$$h_f = \frac{64}{Re} \frac{l}{d} \frac{v^2}{2g} = \lambda \frac{l}{d} \frac{v^2}{2g}$$

圆管层流的沿程阻力系数

$$\lambda = \frac{64}{Re} \qquad\qquad (4-23)$$

式（4-23）表明圆管层流的沿程阻力系数只与雷诺数有关，且和雷诺数成反比，而和管壁的粗糙状况无关。

【例4-3】　应用细管式粘度计测定油的粘度，已知细管的直径为 $d = 6mm$，测量段长 $l = 2m$（图4-9）。实测油的流量 $Q = 77cm^3/s$，水银压差计的读值 $h_p = 30cm$，油的密度 $\rho = 900kg/m^3$。试求油的运动粘度和动力粘度。

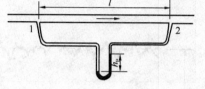

【解】　对细管测量段前后断面1和2列伯努利方程，得

$$h_f = \frac{p_1}{\rho g} - \frac{p_2}{\rho g} = \frac{p_1 - p_2}{\rho g}$$

图4-9　细管粘度计

根据静压强计算方法知水银测压计测得压差 $p_1 - p_2 = h_p(\rho_{Hg} - \rho)g$

故

$$h_f = h_p\left(\frac{\rho_{Hg}}{\rho} - 1\right) = 0.3m \times \left(\frac{13600kg/m^3}{900kg/m^3} - 1\right) = 4.23m$$

假定管内流动为层流

$$v = \frac{Q}{A} = \frac{4Q}{\pi d^2} = 2.72m/s$$

$$h_f = \frac{64}{Re}\frac{l}{d}\frac{v^2}{2g} = \frac{64\nu}{vd}\frac{l}{d}\frac{v^2}{2g}$$

解得

$$\nu = h_f\frac{2gd^2}{64lv} = 8.57 \times 10^{-6}\ m^2/s$$

$$\mu = \nu\rho = 7.72 \times 10^{-3}Pa \cdot s$$

校核流态

$$Re = \frac{vd}{\nu} = \frac{2.72m/s \times 0.006m}{8.57 \times 10^{-6}\ m^2/s} = 1904 < 2000$$

流态为层流，计算成立。

4.5　紊流运动

　　自然界和工业中的大多数流动都是紊流。工业生产中的许多工艺过程，如流体的管道输送、燃烧过程、掺混过程、传热和冷却等都涉及到紊流问题，可见紊流更具有普遍性。

4.5.1　紊流运动的特征与时均法

　　紊流流动是极不规则的流动，这种不规则性主要体现在紊流脉动（turbulent fluctuation），所谓紊流脉动，就是诸如速度、压强等空间点上的物理量随时间的变化作无规则的随机的变动。在做相同条件下的重复实验时，所得瞬时值不相同，但多次重复实验结果的算术平均值趋于一致，具有规律性。例如速度的这种随机脉动的频率在每秒 $10^2 \sim 10^5$ 次之间，振幅小于平均速度的 10% 。

紊流流动参数的瞬时值带有偶然性，但不能就此得出紊流不存在规律的结论。同许多物质运动一样，紊流运动规律性同它的偶然性是相伴存在的。通过对流动参数的时均法（time average method）来求得紊流流动的时间平均的规律性，是流体力学研究紊流的有效途径之一。

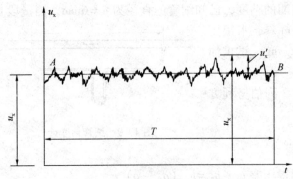

图 4 – 10 紊流的脉动

图 4 – 10 是实测平面流动一个空间点上沿流动方向（x 方向）瞬时速度随时间的变化曲线。由图可见，u_x 随时间无规则地变化，并围绕某一平均值上下跳动。将 u_x 对某一时段平均，即

$$\overline{u_x} = \frac{1}{T}\int_0^T u_x \mathrm{d}t \quad (4 – 24)$$

只要所取时段 T 不是很短，$\overline{u_x}$ 便与时间 T 的长短无关，$\overline{u_x}$ 就是该点 x 方向的时均速度。从图形上看，$\overline{u_x}$ 是 T 时段内的和时间轴平行的直线 AB，直线 AB 与时间轴所包围的面积和曲线 $u_x = f(t)$ 与时间轴所包围的面积相等。

定义了时均速度，瞬时速度 u_x 就等于时均速度 $\overline{u_x}$ 和脉动值 u'_x 的叠加。

$$u_x = \overline{u_x} + u'_x \quad (4 – 25)$$

或写成

$$u'_x = u_x - \overline{u_x}$$

同样地，瞬时压强、平均压强和脉动压强值之间的关系为：$p = \overline{p} + p'$。如果紊流流动中各物理量的时均值不随时间而变，仅仅是空间点的函数，即称时均流动是恒定流动，例如

$$\overline{u_x} = \overline{u_x}(x,y,z) \ , \quad \overline{p} = \overline{p}(x,y,z)$$

紊流的瞬时运动总是非恒定的，而平均运动可能是非恒定的，也可能是恒定的。工程上关注的总是时均流动，一般仪器和仪表测量的也是时均值。对紊流参数采用时均化后，前面的连续性方程、伯努利方程及动量方程等仍将适用。

紊流脉动的强弱程度是用紊流强度（intensity of turbulence）ε 来表示的。紊流强度的定义为

$$\varepsilon = \frac{1}{u}\sqrt{\frac{1}{3}(\overline{u'^2_x} + \overline{u'^2_y} + \overline{u'^2_z})} \quad (4 – 26)$$

式中，$\overline{u} = (\overline{u_x^2} + \overline{u_y^2} + \overline{u_z^2})^{1/2}$，即等于速度分量脉动值的均方根与平均运动速度大小的比值。在管流、射流和物体绕流等紊流流动中，初始来流的紊流强度的强弱将影响到流动的发展。

紊流可分为以下 3 种：

（1）均匀各向同性紊流：在流场中，不同点以及同一点在不同的方向上的紊流特性都相同。主要存在于无界的流场或远离边界的流场，例如远离地面的大气层等；

（2）自由剪切紊流：边界为自由面而无固界限制的紊流。例如自由射流，绕流中的尾

流等，在自由面上与周围介质发生掺混；

（3）有壁剪切紊流：紊流在固体壁面附近的发展受限制。如管内紊流及绕流边界层等。

跟分子运动一样，紊流脉动也将引起流体微团之间的质量、动量和能量的交换。这种交换较分子运动强烈得多，由于流体微团含有大量分子，从而产生了紊流的扩散、紊流摩阻和紊流热传导等。这种特性有时是有益的，例如紊流将强化换热器的换热效果；在考虑阻力问题时，却要设法减弱紊流摩阻。下面将分析与能量损失有关的紊流阻力的特点。

4.5.2　紊流切应力

在紊流中，一方面因时均流速不同，各流层间的相对运动，仍然存在着粘性切应力 $\overline{\tau_1}$，$\overline{\tau_1}$ 符合牛顿内摩擦定律，即 $\overline{\tau_1} = \mu \dfrac{\mathrm{d}\overline{u}}{\mathrm{d}y}$，另一方面，由于紊流质点存在着脉动，相邻流层之间有质量交换。低速流层的质点横向运动进入高速流层后，对高速流层起阻滞作用，反之，高速流层的质点进入低速流层后，对低速流层起推动作用，也就是质量交换形成动量交换，从而在流层分界面上产生了紊流附加切应力 $\overline{\tau_2}$。

用动量定律分析附加切应力的产生原因。如图 4－11 所示，在恒定紊流中，时均流速沿 x 轴方向，脉动流速沿 x 和 y 方向的分量分别为 u'_x 和 u'_y。任取一水平截面 $A-A$，设在某一瞬时，原来位于低流速层 a 点处的质点，以脉动流速 u'_y 向上流动，穿过 $A-A$ 截面到达 a' 点，则单位时间内通过 $A-A$ 截面单位面积的流体质量为 $\rho u'_y$。由于流体具有 x 方向的流速，其瞬时值为 $u_x = \overline{u_x} + u'_x$，因而也就有 x 方向的动量由下层传入上层。单位时间内通过单位面积的动量为 $\rho u'_y (\overline{u_x} + u'_x)$，这样，截面 $A-A$ 的下侧流体损失了动量，而上侧流体增加了动量。根据动量定律：动量的变化率等于作用力，这里动量的变化率也就是通过截面 $A-A$ 的动量流量。所以由横向脉动产生的 x 方向的动量传递，使 $A-A$ 截面上产生了 x 方向的作用力，这个单位面积上的切向作用力就称为紊流附加切应力，用 τ_2 表示

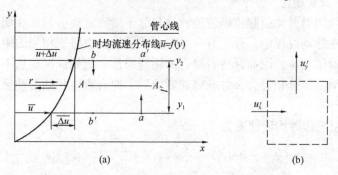

图 4－11　紊流的动量交换

$$\tau_2 = \rho u'_y (\overline{u_x} + u'_x)$$

这里 u'_x 和 u'_y 可能为正，也可能为负。τ_2 的时均值 $\overline{\tau_2}$

$$\overline{\tau_2} = \rho \frac{1}{T} \int_0^T u'_y (\overline{u_x} + u'_x) \mathrm{d}t = \rho \overline{u'_x u'_y} \tag{4-27}$$

分析附加切应力 $\overline{\tau_2}$ 的方向。当流体从下往上脉动时，u'_y 为正，由于 a 点处 x 方向的时均流速小于 a' 处的时均流速，因此当 a 处的质点到达 a' 处时，在大多数情况下，对该处原有的质点的运动起阻滞作用，产生负的沿 x 方向的脉动流速 u'_x，反之，原处于高流速层 b

点的流体，以脉动流速 u'_y 向下运动，则 u'_y 为负，到达 b' 处时，对该处原有的质点的运动起向前推进作用，产生正值的脉动流速 u'_x。这样正的 u'_x 和负的 u'_y 相对应，负的 u'_x 和正的 u'_y 相对应，其乘积 $u'_x u'_y$ 总是负值。此外，附加切应力和粘性切应力的方向是一致的，下层流体（低流速层）对上层流体（高流速层）的运动起阻滞作用，而上层流体对下层流体的运动起推动作用。为了使附加切应力的符号与粘性切应力一致，以正值出现，故在（4 - 27）式中加一负号，得

$$\overline{\tau_2} = -\rho \, \overline{u'_x u'_y} \tag{4 - 28}$$

$\overline{\tau_2}$ 是流速横向脉动产生的紊流附加切应力。$\overline{\tau_2} = -\rho \, \overline{u'_x u'_y}$ 是雷诺于 1895 年首先提出的，故又名雷诺应力（Reynold's stress）。

在紊流流态下，紊流切应力（turbulent shear stress）为粘性切应力与雷诺应力之和，即：

$$\overline{\tau_1} + \overline{\tau_2} = \mu \frac{d\overline{u}}{dy} + (-\rho \, \overline{u'_x u'_y}) \tag{4 - 29}$$

两部分切应力的大小随流动情况而有所不同。在雷诺数较小，脉动较弱时，前项占主要地位。随着雷诺数的增加，脉动程度加剧，后项逐渐加大。当雷诺数很大，脉动已充分发展的紊流中，前项与后项相比甚小，前项可以忽略不计。

由于脉动速度瞬息万变，人们对紊流机理还未彻底了解，式（4 - 29）不便于直接应用。目前主要采用半经验的方法，即一方面对紊流进行一定的机理分析，另一方面还得依靠一些具体的实验结果来建立雷诺应力和时均速度的关系。紊流的半经验理论是工程中主要采用的方法。虽然各种理论的出发点不同，但得到的紊流切应力与时均速度的关系式却是基本一致的。1925 年德国学者普朗特（L. Prandtl）提出的混合长度理论，就是经典的半经验理论。

4.5.3 混合长度理论

宏观上流体微团的脉动引起雷诺应力，这与分子微观运动引起粘性切应力十分相似。因此，普朗特假设在脉动过程中，存在着一个与分子平均自由路程相当的距离 l'，微团在该距离内不会和其他微团相碰，因而保持着原有的物理属性，例如保持动量不变，只是在经过这段距离后，才与周围流体相混合，并获得与新位置上原有流体相同的动量，现根据这一假设做如下推导。

相距 l' 的两层流体时均流速差为

$$\overline{u} = \overline{u}(y_2) - \overline{u}(y_1) = \left(\overline{u}(y_1) + \frac{d\overline{u}}{dy}l'\right) - \overline{u}(y_1) = \frac{d\overline{u}}{dy}l'$$

由于两层流体的时均流速不同，因此横向脉动动量交换的结果要引起纵向脉动。普朗特假设纵向脉动流速绝对值的时均值与时均流速差成比例：

$$|\overline{u'_x}| \sim \frac{d\overline{u}}{dy}l'$$

同时，在紊流里，用一封闭边界割离出一块流体，如图 4 - 11（b）所示。普朗特根据连续性原理认为要维持质量守恒，纵向脉动必将影响横向脉动，即 u'_x 与 u'_y 是相关的。因此 $|\overline{u'_y}|$ 与 $|\overline{u'_x}|$ 成比例，即

$$|\overline{u'_y}| \sim |\overline{u'_x}| \sim \frac{d\overline{u}}{dy}l'$$

$\overline{u'_x u'_y}$ 虽然与 $|\overline{u'_x}| \cdot |\overline{u'_y}|$ 不等，但可以认为两者成比例关系，符号相反，则

$$-\overline{u'_x u'_y} = cl'^2 \left(\frac{d\overline{u}}{dy}\right)^2$$

式中　c——比例系数。令 $l^2 = cl'^2$ 则上式可变成

$$\overline{\tau_2} = \rho l^2 \left(\frac{d\overline{u}}{dy}\right)^2$$

这就是由普朗特的混合长度理论得到的以时均流速表示雷诺应力的表达式，式中 l 称为混合长度。为了简便起见，从这里开始，时均值不再标以时均符号，即

$$\tau_2 = \rho l^2 \left(\frac{du}{dy}\right)^2 \tag{4-30}$$

式 (4-30) 中，混合长度 l 是未知的，要根据具体问题做出新的假定，并结合实验结果才能确定。普朗特关于混合长度的假设有其局限性，但在一些紊流流动中应用普朗特半经验理论所获得的结果与实际比较一致。

将式 (4-30) 运用于圆管紊流，可以从理论上证明断面上流速分布是对数型的，即

$$u = \frac{1}{\beta}\sqrt{\frac{\tau_0}{\rho}}\ln y + C \tag{4-31}$$

式中　y——过流断面上某一点离圆管壁的距离，m；

β——卡门通用常数，由实验定；

C——积分常数。

层流和紊流在圆管内速度分布规律的差异是由于紊流时流体质点相互掺混使流速分布趋于平均化造成的。层流时的切应力是由于分子运动的动量交换引起的粘性切应力；而紊流切应力除了粘性切应力外，还包括流体微团脉动引起的动量交换所产生的雷诺应力。由于脉动交换远大于分子交换，因此在紊流充分发展的流域内，雷诺应力远大于粘性切应力，也就是说，紊流切应力主要是雷诺应力。

4.6　紊流的沿程水头损失

沿程水头损失的计算，主要是确定沿程阻力系数 λ，由于紊流的复杂性，λ 的确定至今不能像层流那样，严格地从理论上推导出来。工程上有两种途径确定 λ 值：一种是以紊流的半经验理论为基础结合实验结果，整理成 λ 的半经验公式；另一种是直接根据实验结果，综合成 λ 的经验公式。前者具有更为普遍的意义。

4.6.1　尼古拉兹实验

1933 年德国力学家和工程师尼古拉兹（Nikuradse，J.）进行了沿程阻力系数和断面速度的实验研究。

1. 沿程阻力系数 λ 的影响因素

为了通过实验研究沿程阻力系数 λ，首先要分析 λ 的影响因素。层流的阻力是粘性阻力，理论分析和实验结果均表明，在层流中，即 λ 仅与 Re 有关。紊流中沿程阻力系数除与表征流动状况的雷诺数有关外，由于壁面的粗糙是对流动的一种扰动，因此壁面粗糙是影响紊流沿程阻力系数的另一个重要因素。

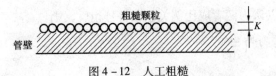

图 4 - 12　人工粗糙

对于工业管道，壁面的粗糙包括粗糙的突起高度，粗糙的形状和粗糙的疏密和排列等因素。尼古拉兹在实验中使用了一种简化的粗糙模型。他把大小基本相同、形状近似球体的砂粒用漆汁均匀而稠密地粘附于管壁上，如图 4 - 12 所示。这种尼古拉兹使用的人工均匀粗糙称为尼古拉兹粗糙或人工粗糙。对于这种特定的粗糙形式，可以用粗糙粒的突起高度 K（即相当于砂粒直径）来表示边壁的粗糙程度，K 称为绝对粗糙度（absolute roughness）。但粗糙对沿程水头损失的影响不完全取决于绝对粗糙度 K，而是决定于它的相对粗糙度（relative roughness），即 K/d。影响 λ 的因素就是雷诺数和相对粗糙度，即

$$\lambda = f\left(Re, \frac{K}{d}\right) \tag{4 - 32}$$

2. 沿程阻力系数的测定和阻力分区图

为了探索沿程阻力系数 λ 的规律，尼古拉兹用多种管径和多种粒径的砂粒，得到了 $\dfrac{K}{d} = \dfrac{1}{30} \sim \dfrac{1}{1014}$ 的六种不同相对粗糙度。在类似于图 4 - 2 的装置中，量测不同流量时的断面平均流速 v 和沿程水头损失 h_f。根据 $Re = \dfrac{vd}{\nu}$ 和 $\lambda = \dfrac{d}{l}\dfrac{2g}{v^2}h_\mathrm{f}$ 两式，算出 Re 和 λ。把实验结果点绘在对数坐标纸上，就得到尼古拉兹实验结果，如图 4 - 13 所示。

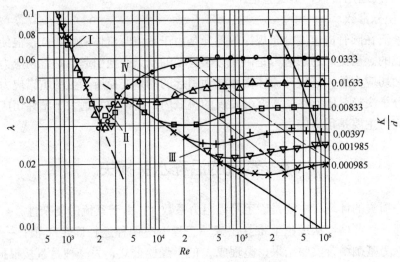

图 4 - 13　尼古拉兹粗糙管沿程阻力系数

根据 λ 变化的特征，图 4 - 13 中曲线可分为五个阻力区：

（1）层流区（region of laminar flow）。当 $Re < 2000$ 时，所有的实验点，不论其相对粗糙度如何，都集中在直线Ⅰ上。这表明 λ 仅随 Re 变化，而与相对粗糙度无关，其方程式为 $\lambda = 64/Re$。因此，尼古拉兹实验证实了理论分析得到的层流沿程阻力系数的计算公式是正确的。

（2）临界区（region of cirtical flow）。在 $Re = 2000 \sim 4000$ 范围Ⅱ内，是由层流向紊流的过渡过程。λ 随 Re 的增大而增大，而与相对粗糙度无关。这个区的范围很窄，实用意义不

大，不予讨论。

（3）紊流光滑区（smooth region of turbulent flow）。在 $Re > 4000$ 后，不同相对粗糙度的实验点，起初都集中在曲线Ⅲ光滑区上。随着 Re 的加大，相对粗糙度较大的管道，其实验点在较低的 Re 时就偏离曲线Ⅲ光滑区。而相对粗糙度较小的管道，其实验点要在较大 Re 时才偏离曲线Ⅲ光滑区。

（4）紊流过渡区（transition region of turbulent flow）。在这个区域Ⅳ内，实验点已偏离曲线Ⅲ光滑区，不同相对粗糙度的实验点分散成一条条波状的曲线，因此 $λ$ 既与 Re 有关，又与 K/d 有关。

（5）紊流粗糙区（rough region of turbulent flow）。在这个区域Ⅴ里，不同相对粗糙度的实验点，分别落在一些与横坐标平行的直线上，因此 $λ$ 只与 K/d 有关，而与 Re 无关。当 $λ$ 与 Re 无关时，由式（4-3）可见，沿程损失就与流速的平方成正比。因此第Ⅴ区又称为阻力平方区（region of square resistance flow）。

以上实验表明了紊流中 $λ$ 确实决定于 Re 和 K/d 这两个因素。但是为什么紊流又分为三个阻力区，各区的 $λ$ 变化规律是如此不同呢？这个问题可用粘性底层的存在来解释。

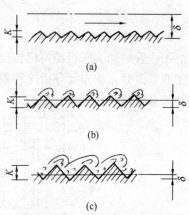

(a)

(b)

(c)

图 4-14　粘性底层与管壁
粗糙的作用

在光滑区，粗糙度 K 比粘性底层的厚度 $δ$ 小得多，粗糙度完全被掩盖在层流底层以内［图 4-14（a）］，粗糙度对紊流核心的流动几乎没有影响。粗糙引起的扰动作用完全被粘性底层内流体粘性的稳定作用所抑制。管壁粗糙度对流动阻力和能量损失不产生影响。

在过渡区，粘性底层变薄，粗糙度开始影响到紊流核心区内的流动［图 4-14（b）］，加大了核心区内的紊流强度，因此增加了阻力和能量损失。这时，$λ$ 不仅与 Re 有关，而且与 K/d 有关。

在粗糙区，粘性底层更薄，粗糙度几乎全部暴露在紊流核心中，K 远大于 $δ$［图 4-14（c）］。粗糙度的扰动作用已经成为紊流核心中雷诺阻力的主要原因。Re 对紊流强度的影响和粗糙度对紊流强度的影响相比已微不足道了。K/d 成了影响 $λ$ 的唯一因素。

由此可见，流体力学中所说的光滑区和粗糙区，不完全决定于管壁粗糙度 K，还取决于和 Re 有关的粘性底层的厚度 $δ$。

综上所述，沿程阻力系数 $λ$ 的变化可归纳如下

（1）层流区：$λ = f_1(Re)$

（2）临界区：$λ = f_2(Re)$

（3）紊流光滑区：$λ = f_3(Re)$

（4）紊流过渡区：$λ = f_4\left(Re, \dfrac{K}{d}\right)$

（5）紊流粗糙区（阻力平方区）：$λ = f_5\left(\dfrac{K}{d}\right)$

尼古拉兹实验比较完整地反映了沿程阻力系数 $λ$ 的变化规律，揭露了影响 $λ$ 变化的主

要因素，它对 λ 和断面流速分布的测定，推导紊流的半经验公式提供了可靠的依据。

4.6.2 沿程阻力系数的计算公式

1. 人工粗糙管 λ 值的半经验公式

人工粗糙管的紊流沿程阻力系数的半经验公式可根据断面流速分布的对数公式（4 - 31）结合尼古拉兹实验曲线获得。紊流光滑区的 λ 公式为

$$\frac{1}{\sqrt{\lambda}} = 2\lg\left(Re\sqrt{\lambda}\right) - 0.8 \qquad (4-33a)$$

或写成

$$\frac{1}{\sqrt{\lambda}} = 2\lg\frac{Re\sqrt{\lambda}}{2.51} \qquad (4-33b)$$

紊流粗糙区的 λ 公式为

$$\frac{1}{\sqrt{\lambda}} = 2\lg\frac{3.7d}{K} \qquad (4-34)$$

2. 工业管道 λ 值的计算公式

工业管道的实际粗糙与尼古拉兹人工粗糙管有很大不同，因此，将尼古拉兹实验结果用于工业管道时，首先要分析这种差异和寻求解决问题的方法，图 4 - 15 是尼古拉兹人工粗糙管与工业管道 λ 曲线的比较。

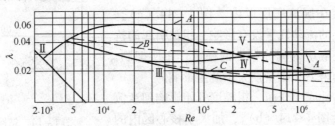

图 4 - 15 λ 曲线的比较

图中实线 A 为尼古拉兹实验曲线，虚线 B 和 C 分别为 2 英寸镀锌钢管和 5 英寸新焊接钢管的实验曲线。由图可见，在紊流光滑区，工业管道实验曲线和尼古拉兹实验曲线是重叠的。因此，只要流动位于紊流光滑区，工业管道 λ 的计算就可采用尼古拉兹的实验结果，用式（4 - 33）计算。

在紊流粗糙区，工业管道和尼古拉兹的实验曲线都与横坐标轴平行，说明尼古拉兹粗糙区公式有可能应用于工业管道，问题在于如何确定工业管道的 K 值。在工程流体力学中，把尼古拉兹粗糙度作为度量粗糙的基本标准，把工业管道的不均匀粗糙度折合成尼古拉兹粗糙度，这样，就提出了一个当量粗糙度（equivalent roughness）的基本概念。所谓当量粗糙度，就是指和工业管道紊流粗糙区 λ 值相等的同直径尼古拉兹粗糙管的粗糙度。如实测出某种材料工业管道在紊流粗糙区时的 λ 值，将它与尼古拉兹实验结果进行比较，找出 λ 值相等的同一管径尼古拉兹粗糙管的粗糙度，此粗糙度就是该种材料工业管道的当量粗糙度。

工业管道的当量粗糙度是按沿程损失的效果来确定的，它在一定程度上反映了粗糙中各种因素对沿程损失的综合影响。几种常用工业管道的当量粗糙度 K 值，见表 4 - 1。引入当量粗糙度后，式（4 - 34）就可以应用于工业管道。

表 4 – 1　工业管道当量粗糙度

管道材料	K（mm）	管道材料	K（mm）
钢板制风管	0.15（引自全国通用通风管道计算表）	竹风道	0.8 ~ 1.2
塑料板制风管	0.01（引自全国通用通风管道计算表）	铅管、铜管、玻璃管	0.01 光滑
矿渣石膏板风管	1.0（以下引自采暖通风设计手册）	镀锌钢管	0.15
表面光滑砖风道	4.0	钢管	0.046
矿渣混凝土板风道	1.5	涂沥青铸铁管	0.12
铁丝网抹灰风道	10 ~ 15	铸铁管	0.25
胶合板风道	1.0	混凝土管	0.3 ~ 3.0
地面沿墙砌造风道	3 ~ 6	木条拼合圆管	0.18 ~ 0.9
墙内砌砖风道	5 ~ 10		

对于紊流过渡区，工业管道实验曲线的尼古拉兹曲线存在较大的差异。这表现在工业管道实验曲线的过渡区在较小的 Re 下就偏离光滑曲线，且随着 Re 的增加平滑下降，而尼古拉兹曲线则存在着上升部分。

造成这种差异的原因在于两种管道粗糙均匀性不同。在工业管道中，粗糙是不均匀的。当粘性底层比当量粗糙度大很多时，粗糙中的最大糙粒就将提前对紊流核心内的紊动产生影响，使 λ 开始与 K/d 有关，实验曲线也就较早地离开了光滑区。提前多少则取决于不均匀粗糙中最大糙粒的尺寸。随着 Re 的增大，粘性底层越来越薄，对核心区内的流动能产生影响的糙粒越来越多，因而粗糙的作用是逐渐增加的。而尼古拉兹粗糙度是均匀的，起作用几乎是同时产生。当粘性底层的厚度开始小于糙粒高度之后，全部糙粒开始直接暴露在紊流核心内，促使产生强烈的旋涡。同时，暴露在紊流核心内的糙粒部分随 Re 的增加而不断加大。因而沿程水头损失急剧上升。这就是为什么尼古拉兹实验中过渡曲线产生上升的原因。

尼古拉兹紊流过渡区的实验资料对工业管道是完全不适用的。1939 年，柯列勃洛克（Colebrook）和怀特（White）根据大量的工业管道实验资料，整理出工业管道紊流过渡区曲线，并提出该曲线的方程，即

$$\frac{1}{\sqrt{\lambda}} = -2\lg\left(\frac{K}{3.7d} + \frac{2.51}{Re\sqrt{\lambda}}\right) \qquad (4-35)$$

式中　K——工业管道的当量粗糙度，可由表 4 – 1 查得。

式（4 – 35）称为柯列勃洛克公式（以下简称柯氏公式）。它是尼古拉兹光滑区公式和粗糙区公式的机械结合。该公式的基本特征是当 Re 值很小时，公式括号内的第二项很大，相对来说，第一项很小。这样，柯氏公式就接近尼古拉兹光滑区公式。当 Re 值很大时，公式右边括号内第二项很小，公式接近尼古拉兹粗糙区公式。因此，柯氏公式所代表的曲线是以尼古拉兹光滑区斜直线和粗糙区水平线为渐近线，它不仅可适用于紊流过渡区，而且可以适用于整个紊流的三个阻力区，因此又称柯氏公式为紊流的综合公式。柯氏公式的形式复杂，求解比较困难，但借助计算机技术，这个问题是可以解决的。尽管柯氏公式是一个经验公式，但它与实验结果吻合良好，因此这个公式在国内外得到极为广泛的应用。

为了简化计算，美国工程师莫迪（Moody）以柯氏公式为基础绘制出反映 Re、K/d 和 λ 对应关系的莫迪图（图 4 – 16），在图上可根据 Re 和 K/d 直接查出 λ 值。

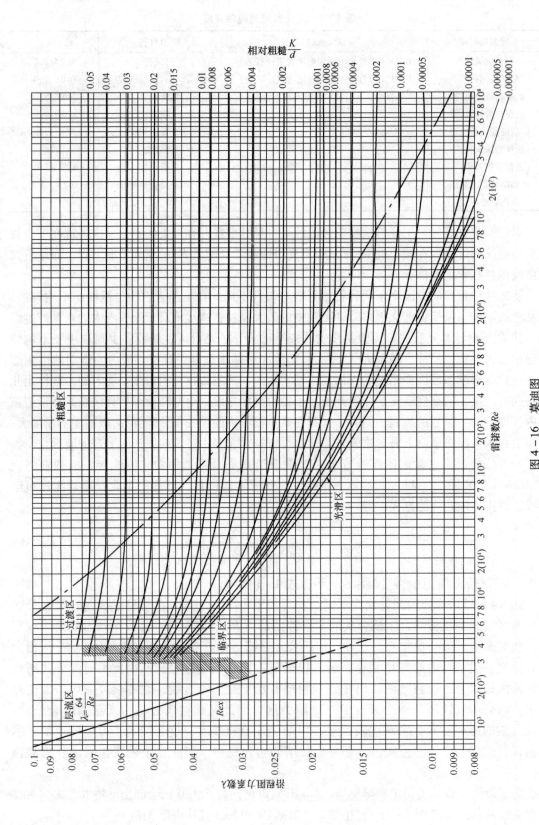

图 4 - 16 莫迪图

3. 沿程阻力系数 λ 值的纯经验公式

除了以上的半经验公式以外，还有许多直接由实验资料整理成的纯经验公式，这里介绍几种应用最广的公式。

（1）布拉修斯（Blasius）紊流光滑区公式

$$\lambda = \frac{0.3164}{Re^{0.25}} \tag{4-36}$$

此式是布拉修斯于 1913 年在总结前人实验资料的基础上，提出的紊流光滑区经验公式。该式形式简单，计算方便。在 $Re < 10^5$ 范围内，有极高的精度，得到广泛应用。

（2）希弗林松紊流粗糙区公式

$$\lambda = 0.11\left(\frac{K}{d}\right)^{0.25} \tag{4-37}$$

希弗林松紊流粗糙区公式由于形式简单，计算方便，工业上经常应用。

（3）阿里特苏里公式

$$\lambda = 0.11\left(\frac{K}{d} + \frac{68}{Re}\right)^{0.25} \tag{4-38}$$

阿里特苏里公式适用于紊流三区，形式简单，计算方便，工业上经常应用。

（4）谢才公式和谢才系数

将达西公式（4-3）变换形式

$$v^2 = \frac{2g}{\lambda}d\frac{h_f}{l}$$

以 $d = 4R$，$\dfrac{h_f}{l} = J$ 代入上式，整理得

$$v = \sqrt{\frac{8g}{\lambda}}\sqrt{RJ} = C\sqrt{RJ} \tag{4-39}$$

$$C = \sqrt{\frac{8g}{\lambda}} \tag{4-40}$$

式中　v——断面平均流速，m/s；

　　　R——水力半径，m；

　　　J——水力坡度，m/m；

　　　C——谢才系数，$m^{\frac{1}{2}}/s$。

式（4-39）最初是 1769 年法国工程师谢才直接根据渠道和塞纳河的实测资料提出的，是水力学最古老的公式之一，称为谢才公式。式（4-40）给出了谢才系数 C 和沿程阻力系数 λ 的关系。该式表明 C 和 λ 一样是反映沿程阻力的系数，但 C 的数值通常另有经验公式计算，其中应用最广的是 1889 年爱尔兰工程师曼宁（Manning, R.）提出的经验公式，即

$$C = \frac{1}{n}R^{1/6} \tag{4-41}$$

式中　n——综合反映壁面对水流阻滞作用的系数，称为粗糙系数，见表 4-2；

　　　R——水力半径，m。

表 4 - 2　人工管渠道粗糙系数

渠道类别	n	渠道类别	n
缸瓦管（带釉）	0.013	水泥砂浆抹面渠道	0.013
混凝土和钢筋混凝土的雨水管	0.013	砌砖渠道（不抹面）	0.015
混凝土和钢筋混凝土的污水管	0.014	砂浆块石渠道（不抹面）	0.017
石棉水泥管	0.012	干砌石块渠道	0.020 ~ 0.025
铸铁管	0.013	土明渠（包括带草皮的）	0.025 ~ 0.030
钢管	0.012	木槽	0.012 ~ 0.014

曼宁公式形式简单，粗糙系数可依据长期积累的丰富资料确定。在 $n < 0.02$，$R < 0.5$ 范围内，进行输水管道和较小渠道的计算，结果和实际相符，至今仍然在各国工程界广泛应用。

4.6.3　非圆管的沿程水头损失

以上讨论的都是圆管，圆管是最常用的断面形式，但工程上也常用到非圆管的情况，例如通风系统中的风道，有许多就是矩形的。如果设法把非圆管折合成圆管来计算，那么根据圆管制定的上述公式和图表，也就适用于非圆管了。

在本章 4.2.2 中，已经引入了综合反映断面大小和几何形状对流动影响的尺寸即水力半径 R 和当量直径 d_e，即 $R = \dfrac{A}{x}$，$d_e = 4R$。

有了当量直径，用 d_e 代替 d，仍可用达西公式（4 - 3）计算非圆管的沿程水头损失

$$h_f = \lambda \frac{l}{d_e} \frac{v^2}{2g}$$

式中沿程阻力系数，同样以当量直径计算的雷诺数 $Re = \dfrac{vd_e}{\nu} = 4\dfrac{vR}{\nu}$ 和相对粗糙度 $\dfrac{K}{d_e}$ 来确定，以当量直径计算雷诺数，判别非圆管流态，其临界雷诺数仍为 2000。

必须指出，应用当量直径计算非圆管的沿程水头损失是近似的方法，并不适用于所有情况，这表现在两方面：

（1）实验表明，形状同圆管差异很大的非圆管，如长缝形（$b/a > 8$）、狭环形（$d_2 < 3d_1$）应用 d_e 计算存在较大误差；

（2）由于层流的流速分布不同于紊流，沿程损失不像紊流那样集中在管壁附近。这样单纯用湿周大小作为影响水头损失的主要外因条件，对层流来说就不充分了。因此在层流中应用当量直径进行计算时，将会造成较大误差。

【例 4 - 4】　在直径 $d = 300$mm 相对粗糙度 $K/d = 0.002$ 的工业管道内，运动粘度为 $\nu = 1 \times 10^{-6}$ m^2/s，$\rho = 999.23$ kg/m^3 水以 3m/s 的速度运动。试求：管长 $l = 300$m 的管道内的沿程水头损失。

【解】　$Re = \dfrac{vd}{\nu} = \dfrac{3\text{ m/s} \times 0.3\text{m}}{1 \times 10^{-6}\text{ m}^2/\text{s}} = 9 \times 10^5$

由图 4 - 16 莫迪图查得，$\lambda = 0.0238$，处于粗糙区。

也可由式（4 - 34）$\dfrac{1}{\sqrt{\lambda}} = 2\lg \dfrac{3.7d}{K}$ 计算得 $\lambda = 0.0235$

可见查图和用公式计算是很接近的。沿程水头损失

$$h_f = \lambda \frac{l}{d} \frac{v^2}{2g} = 0.0235 \times \frac{300\text{m}}{0.3\text{m}} \times \frac{(3\text{ m/s})^2}{2 \times 9.8\text{ m/s}^2} = 10.8\text{m}$$

【例 4 - 5】　修建长 300m 的钢筋混凝土输水管，直径 $d = 250\text{mm}$，通过流量为 $200\text{m}^3/\text{h}$。试求沿程水头损失。

【解】　本题采用谢才公式计算

（1）计算谢才系数 C

选粗糙系数，查表 4 - 2，取 $n = 0.013$

$$R = \frac{A}{x} = \frac{d}{4} = 0.0625\text{m}$$

$$C = \frac{1}{n} R^{1/6} = 48.45\text{ m}^{0.5}/\text{s}$$

（2）由式（4 - 39）$v = C\sqrt{RJ}$ 计算 h_f

$$v = \frac{Q}{A} = \frac{4Q}{\pi d^2} = \frac{4 \times \dfrac{200}{3600}(\text{m}^3/\text{s})}{\pi \times (0.25\text{m})^2} = 1.13\text{m/s}$$

把 $J = h_f/l$ 代入式（4 - 39）式，整理得

$$h_f = l \frac{v^2}{C^2 R} = 300\text{m} \times \frac{(1.13\text{m/s})^2}{(48.45\text{m}^{0.5}/\text{s})^2 \times 0.0625\text{m}} = 2.61\text{m}$$

【例 4 - 6】　某钢板制风道，断面尺寸为 400mm × 200mm，管长为 80m，管内平均流速为 10m/s，空气温度为 20℃，求压强损失。

【解】　（1）当量直径

$$d_e = \frac{2ab}{a + b} = \frac{2 \times 0.4\text{m} \times 0.2\text{m}}{(0.4 + 0.2)\text{m}} = 0.267\text{m}$$

（2）求 Re。空气温度为 20℃，查表，$\nu = 15.7 \times 10^{-6}\text{m}^2/\text{s}$

$$Re = \frac{vd_e}{\nu} = \frac{10\text{m/s} \times 0.267\text{m}}{15.7 \times 10^{-6}\text{m}^2/\text{s}} = 1.7 \times 10^5$$

（3）求 K/d。钢制风道，$K = 0.15\text{mm}$

$$\frac{K}{d_e} = \frac{0.15 \times 10^{-3}\text{m}}{0.267\text{m}} = 5.62 \times 10^{-4}$$

查图 4 - 16 得 $\lambda = 0.0195$

（4）计算压强损失

$$p_f = \lambda \frac{l}{d_e} \frac{\rho v^2}{2} = 0.0195 \times \frac{80\text{m}}{0.267\text{m}} \times \frac{1.2\text{kg/m}^3 \times (10\text{m/s})^2}{2} = 350\text{Pa}$$

【例 4 - 7】　断面积 $A = 0.48\text{m}^2$ 的正方形管道、宽为高的三倍的矩形管道和圆形管道。分别求出它们的湿周、水力半径和当量直径。

【解】　正方形管道

边长　　　　　　　　$a = \sqrt{A} = \sqrt{0.48\text{m}^2} = 0.692\text{m}$

湿周　　　　　　　　$x = 4a = 4 \times 0.692\text{m} = 2.77\text{m}$

水力半径　　　　　　$R = \frac{A}{x} = \frac{0.48\text{m}^2}{2.77\text{m}} = 0.174\text{m}$

当量直径 $d_e = 4R = a = 0.692\text{m}$

同理得到矩形和圆形的值，把计算结果列在下表中，即

表 4 – 3　同面积不同形状断面的几何参数

	宽为高的三倍的矩形	方形	圆形
面积（m^2）	0.48	0.48	0.48
湿周 x（m）	3.20	2.77	2.45
水力半径 R（m）	0.150	0.174	0.195
当量直径 d_e（m）	0.60	0.69	0.78

以上计算说明，过流断面面积虽然相等，但因形状不同，湿周长度不等。湿周越短，水力半径越大，沿程水头损失随水力半径的加大而减小，因此当流量和断面面积等条件相同时，方形管道比矩形管道水头损失少，而圆形管道又比方形管道水头损失少。从减少水头损失观点来看，圆形断面是最佳的。

4.7　局部水头损失

在工业管道或渠道中，往往设有转弯、变径、分岔管、阀门等部件，流体经过这些部件时，由于边壁或流量的改变，均匀流遭到破坏，引起了流速的大小、方向或分布的变化。由此产生的流动阻力是局部阻力，所引起的能量损失称为局部水头损失。工程上有不少管道（如通风和采暖管道），局部损失往往占有很大比重。因此了解局部损失的分析方法和计算方法有着重要的意义。

局部水头损失和沿程水头损失一样，不同的流态有不同的规律。由于局部阻碍的强烈扰动作用，使流动在较小的雷诺数时就达到充分紊动；另外由于局部损失的种类繁多，形态各异，其边壁的变化大多比较复杂，多数局部阻碍的损失计算还不能从理论上解决，必须借助于由实验得来的经验公式或系数。虽然如此，对局部阻力和局部水头损失的规律进行一些定性的分析还是必要的。尽管它解决不了局部水头损失的计算问题，但是对解释和估计不同局部阻碍的局部水头损失的大小，研究改善管道工作条件和减少局部损失的措施，以及提出正确合理的设计方案等方面，都能给我们以定性的指导。

4.7.1　局部损失的一般分析

1. 局部损失产生的原因

下面对典型的局部阻碍（图 4 – 17）处的流动分析，说明局部损失产生的原因。

从边壁变化的缓急来看，局部阻碍又分为突变和渐变两类：图 4 – 17 中的（a）、（c）、（e）、（g）是突变的，而（b）、（d）、（f）、（h）是渐变的。当流体以紊流通过突变的局部阻碍时，由于惯性力处于支配地位，流动不能像边壁那样突然转折，于是在边壁突变的地方，出现了主流与边壁脱离的现象。主流与边壁之间形成旋涡区，旋涡区内的流体并不是固定不变的。形成的大尺度旋涡，会不断地被主流带走，补充进去的流体，又会出现新的旋涡，如此周而复始。

当流体以紊流通过渐变的局部阻碍时，边壁虽然无突然变化，但沿着流动方向出现减速增压现象的地方，也会产生旋涡区。图 4 – 17（b）所示的渐扩管中，流速沿程减小，压强不断增加。在这样的减速增压区，流体质点受到与流动方向相反的压差作用，靠近管壁的流

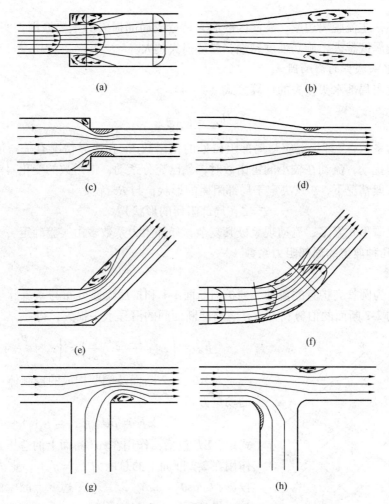

图 4 – 17　几种典型的局部阻碍
(a)突扩管；(b)渐扩管；(c)突缩管；(d)渐缩管；(e)折弯管；
(f)圆弯管；(g)合流三通；(h)分流三通

体质点，流速本来就小，在这一反向压差的作用下，流速逐渐减小到零。随后出现了与流动方向相反的流动。就在流速等于零的地方，主流开始与壁面脱离。在出现反向流动的地方出现了旋涡区。图 4 – 17(h)所示的分流三通直通管上的旋涡区，也是这种减速增压过程造成的。

在减压增速区，流体质点受到与流动方向一致的正压作用，它只能加速，不能减速。因此，渐缩管内不会出现旋涡区。不过如收缩角不是很小，紧接渐缩管之后，有一个不大的旋涡区。如图 4 – 17(d)所示。

流体经过弯管时[图 4 – 17(e)、(f)]，虽然过流断面沿程不变，但弯管内流体质点受到离心力作用，在弯管前半段，外侧压强沿程增大，内侧压强沿程减小；而流速是外侧减小，内侧增大。因此弯管前半段沿外壁是减速增压的，也能出现旋涡区；在弯管的后半段，由于惯性作用，在 Re 较大和弯管的转角较大而曲率半径较小的情况下，旋涡区又在内侧出现。弯管内侧的旋涡，无论是大小还是强度，一般都比外侧的大。因此，它是加大弯管能量损失的重要因素。

综上所述，主流脱离边壁，旋涡区的形成是造成局部损失的主要原因。实验结果表明，局部阻碍处旋涡区越大，旋涡强度越强，局部损失越大。

2. 局部水头损失的影响因素

前面已给出局部水头损失的计算公式（4-4）

$$h_m = \zeta \frac{v^2}{2g}$$

局部阻力系数 ζ，理论上应与局部阻碍处的雷诺数 Re 和边界情况有关。但是。因受局部阻碍的强烈扰动，流动在较小的雷诺数时，就已充分紊动，雷诺数的变化对紊流程度的影响很小。故一般情况下，ξ 只决定于局部阻碍的形状，与 Re 无关。

$$\zeta = \zeta （局部阻碍的形状）$$

因局部阻碍形式繁多，流动现象极其复杂，局部阻力系数多由实验确定。

4.7.2　几种典型的局部阻力系数

1. 突扩管

图 4-18 为圆管突扩管的流动。列扩前断面 1-1 和扩后流速分布与紊流脉动已接近均匀流正常状态的 2-2 断面的伯努利方程，忽略两断面间的沿程水头损失，得

$$h_m = \left(z_1 + \frac{p_1}{\rho g} + \frac{\alpha_1 v_1^2}{2g} \right) - \left(z_2 + \frac{p_2}{\rho g} + \frac{\alpha_2 v_2^2}{2g} \right)$$

对 AB、2-2 断面及侧壁构成的控制体，列流动方向的动量方程：

$$\Sigma F = \rho Q （\beta_2 v_2 - \beta_1 v_1）$$

式中，ΣF 包括：作用在 AB 断面上的总压力 $P_{AB} = p_1 A_2$；作用在 2-2 断面上的总压力 $P_2 = p_2 A_2$；重力在管轴上的投影，$G\cos\theta = \rho g A_2 （z_1 - z_2）$；边壁上的摩擦阻力忽略不计。将各项代入动量方程

$$p_1 A_2 - p_2 A_2 + \rho g A_2 （z_1 - z_2） = \rho Q （\beta_2 v_2 - \beta_1 v_1）$$

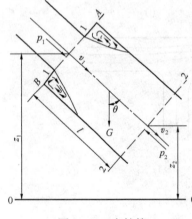

图 4-18　突扩管

以 $\rho g A_2$ 除各项，整理得

$$\left(z_1 + \frac{p_1}{\rho g} \right) - \left(z_2 + \frac{p_2}{\rho g} \right) = \frac{v_2}{g} （\beta_2 v_2 - \beta_1 v_1）$$

将上式代入前面的伯努利方程，取 $\alpha_1 = \alpha_2 = \beta_1 = \beta_2 = 1$，整理得

$$h_m = \frac{（v_1 - v_2）^2}{2g} \tag{4-42}$$

上式表明，突扩管的水头损失等于以平均流速差计算的流速水头。

要把式（4-42）变换成计算局部损失的一般形式只需将 $v_2 = \frac{A_1}{A_2} v_1$ 或 $v_1 = \frac{A_2}{A_1} v_2$ 代入，可得

$$h_m = \left(1 - \frac{A_1}{A_2} \right)^2 \frac{v_1^2}{2g} = \zeta_1 \frac{v_1^2}{2g}$$

或

$$h_{\mathrm{m}} = \left(\frac{A_1}{A_2} - 1\right)^2 \frac{v_2^2}{2g} = \zeta_2 \frac{v_1^2}{2g}$$

所以突扩管的阻力系数为

$$\zeta_1 = \left(1 - \frac{A_1}{A_2}\right)^2 \tag{4-43}$$

$$\zeta_2 = \left(\frac{A_2}{A_1} - 1\right)^2 \tag{4-44}$$

以上两个局部阻力系数分别与突然扩大前、后两个断面的平均流速对应。计算时必须注意使选用的阻力系数与流速水头相适应。

当液体从管道流入断面很大的容器中（图 4-19）或气体流入大气时，$A_1/A_2 \approx 0$，$\zeta_1 = 1$。这是突然扩大的特殊情况，称为出口阻力系数。

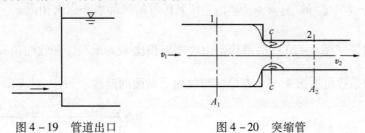

图 4-19　管道出口　　　　　图 4-20　突缩管

2. 突缩管

突缩管如图 4-20 所示，它的水头损失大部分发生在收缩断面后面的流段上，主要是收缩断面 c-c 附近的旋涡区造成的。突然缩小的阻力系数决定于收缩面积比 A_2/A_1，其值按经验公式计算，与收缩后断面平均速度 v_2 相对应

$$\zeta = 0.5 \left(1 - \frac{A_2}{A_1}\right) \tag{4-45}$$

当液体从断面很大的容器中流入管道时（图 4-21），$A_2/A_1 \approx 0$，$\zeta = 0.5$。这是突缩管的特殊情况，称为进口阻力系数。

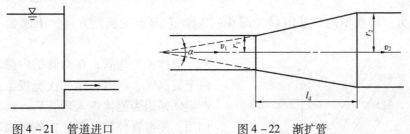

图 4-21　管道进口　　　　　图 4-22　渐扩管

3. 渐扩管

圆锥形渐扩管（图 4-22）的形状可由扩大面积比 $n = A_2/A_1$，和扩散角 α 两个几何参数来确定。渐扩管的水头损失可认为由摩擦损失 h_{f} 和扩散损失 h_{ea} 两部分组成，其摩擦损失可按下式计算：

$$h_{\mathrm{f}} = \frac{\lambda}{8\sin\frac{\alpha}{2}} \left(1 - \frac{1}{n^2}\right) \frac{v_1^2}{2g}$$

式中　λ ——扩大前管道的沿程阻力系数。

扩散损失是旋涡区和流速分布改组所形成的损失。仍沿用突然扩大的水头损失公式计算，但需乘一个与扩散角有关的系数 k，当 $\alpha \leq 20°$ 时，$k = \sin\alpha$，故

$$h_{ea} = k \left(1 - \frac{1}{n}\right)^2 \frac{v_1^2}{2g}$$

综上两式得到渐扩管的阻力系数 $\zeta_d \left(与渐扩前断面的流速水头 \frac{v_1^2}{2g} 相对应\right)$

$$\zeta_d = \frac{\lambda}{8\sin\frac{\alpha}{2}} \left(1 - \frac{1}{n^2}\right) + k \left(1 - \frac{1}{n}\right)^2 \qquad (4-46)$$

当 n 一定时，渐扩管的摩擦损失随 α 的增大和管段的缩短而减少，但扩散损失却随之增大。在 $\alpha = 5° \sim 8°$，ζ_d 最小；$\alpha > 50°$，ζ_d 和突扩管的局部水头损失相近。

4. 渐缩管

圆锥形渐缩管（图 4-23）的形状，由收缩面积比 $n = A_2/A_1$ 和收缩角 α 两个几何参数确定。局部阻力系数可由图 4-24 查得，与收缩后断面的流速水头 $\frac{v_2^2}{2g}$ 对应。

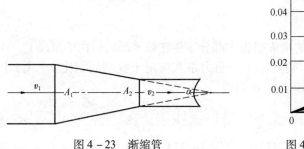

图 4-23　渐缩管

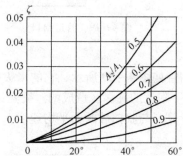

图 4-24　渐缩管阻力系数 ζ

5. 弯管

弯管是另一种典型的局部阻碍（图 4-25）。它只改变流动方向，不改变平均流速的大小。

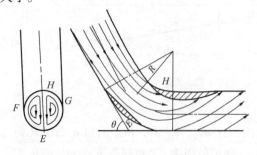

图 4-25　弯管中的二次流

流体流经弯管，在弯管的内侧、外侧出现两个旋涡区，同时产生二次流现象。二次流的产生，是因为流体进入弯管后，因为离心力的作用，使弯管外侧（E 处）的压强增大，内侧（H 处）的压强减小。而弯管左右两侧（F、G 处）压强的变化不大，于是在压强差的作用下，外侧流体沿壁面流向内侧。与此同时，内侧流体沿 HE 向外侧回流，这样在弯管内，形成一对旋转流，就是二次流。二次流和主流迭加在一起，使流经弯管的流体质点作螺旋运动，从而加大了弯管的水头损失。在弯管内形成的二次流，要经过一段距离之后才能消失，影响长度最大可超过 50 倍管径。

弯管的局部水头损失，包括旋涡损失和二次流损失两部分。局部阻力系数决定于弯管的转角 θ 和曲率半径与管径之比 R/d 或 R/b，见表 4-4。

4.7.3 局部阻碍之间的相互干扰

以上给出的局部阻力系数 ζ 值，是在局部阻碍前后都有足够长的均匀流段的条件下，由实验得到的。测得的水头损失也不仅仅是局部阻碍范围内的损失，还包括下游一段长度因紊流脉动加剧而引起的损失。若局部阻碍之间相距很近，流体流出前一个局部阻碍，在流速分布还未达到正常均匀流之前，又流入后一个局部阻碍，这相连的两个局部阻碍，存在相互干扰，其阻力系数不等于正常条件下两个局部阻碍的阻力系数之和。实验研究表明，局部阻碍直接相连，相互干扰的结果，局部水头损失可能有较大的增大或减小，变化幅度约为单个正常局部损失总和的 0.5~3 倍。

表 4-4　$Re = 10^6$ 时弯管的局部阻力系数

断面形状	R/d 或 R/b	30°	45°	60°	90°
圆形	0.5	0.125	0.270	0.480	1.000
	1.0	0.058	0.100	0.150	0.246
	2.0	0.066	0.089	0.112	0.159
方形 $h/b = 1.0$	0.5	0.120	0.270	0.480	1.060
	1.0	0.054	0.079	0.130	0.241
	2.0	0.051	0.078	0.102	0.142
矩形 $h/b = 0.5$	0.5	0.120	0.270	0.480	1.000
	1.0	0.058	0.087	0.135	0.220
	2.0	0.062	0.088	0.112	0.155
矩形 $h/b = 2.0$	0.5	0.120	0.280	0.480	1.080
	1.0	0.042	0.081	0.140	0.227
	2.0	0.042	0.063	0.083	0.133

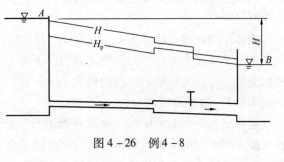

图 4-26　例 4-8

【例 4-8】 由高位水箱向低位水箱输水（图 4-26），已知两水箱水面的高差 $H = 3\text{m}$，输水管段的直径和长度分别为 $d_1 = 40\text{mm}$，$l = 25\text{m}$，$d_2 = 70\text{mm}$，$l = 15\text{m}$，沿程阻力系数 $\lambda_1 = 0.025$，$\lambda_2 = 0.02$，阀门的局部阻力系数 $\zeta = 3.5$，试求：（1）输水流量；（2）绘总水头线和测压管水头线。

【解】（1）输水流量

选两水箱水面为 A 和 B 断面，列伯努力方程，取 B 断面为基准，令 $\alpha_1 = \alpha_2 = 1$，得

$$z_1 + \frac{p_1}{\rho g} + \frac{v_A^2}{2g} = z_2 + \frac{p_2}{\rho g} + \frac{v_B^2}{2g} + h_w$$

$$H + 0 + 0 = 0 + 0 + 0 + h_w$$

$$h_w = h_{f1} + h_{m1} + h_{f2} + h_{m2} + h_{m3} + h_{m4}$$

$$H = h_w = \left(\lambda_1 \frac{l_1}{d_1} + \zeta_1\right)\frac{v_1^2}{2g} + \left(\lambda_2 \frac{l_2}{d_2} + \zeta_2 + \zeta_3 + \zeta_4\right)\frac{v_2^2}{2g}$$

式中局部阻力系数分别为：管道进口 $\zeta_1 = 0.5$；突然扩大 $\zeta_2 = \left(\dfrac{A_2}{A_1} - 1\right)^2 = 4.25$；阀门 $\zeta_3 = 3.5$；管道出口 $\zeta_4 = 1.0$。又由连续性方程 $v_2 = \dfrac{A_1}{A_2}v_1 = \left(\dfrac{d_1}{d_2}\right)^2 v_1$，代入上式，整理得

$$H = 17.515\frac{v_1^2}{2g}$$

$$v_1 = 1.83 \text{ m/s}$$

$$Q = 2.30 \times 10^{-3}\text{m}^3/\text{s} = 2.30 \text{ l/s}$$

（2）绘总水头线和测压管水头线

① 先绘总水头线，按 A 断面的总水头 H_1 定出总水头的起始高度，本题总水头线的起始高度与高位水箱的水面齐平；

② 计算各管段的沿程水头损失和局部水头损失，自 A 断面的总水头起，沿程依次减去各项水头损失，便得到总水头线；

③ 由总水头线向下减去各管段的流速水头，可得到测压管水头线。在等直径管段，流速水头沿程不变，测压管水头线和总水头线平行；

④ 管道淹没出流，测压管水头线落在下游开口容器水面 B 上；自由出流，测压管水头线应置于管道出口断面的形心。

按上述步骤所绘水头线见图 4-26。

4.8　边界层概念与绕流阻力

前面各节讨论流体在通道内的运动，本节将简要介绍流体绕物体的运动，如河水绕过桥墩、风吹过建筑物、船舶在水中航行、飞机在大气中飞行，以及粉尘或泥沙在空气或水中沉降等都是绕流运动。

流体作用在绕流物体上表面力的合力，可分解为平行于来流方向的分力，称为绕流阻力；垂直于来流方向的分力，称为升力。下面主要讨论绕流阻力，由于绕流阻力与边界层有密切关系，故首先介绍边界层的概念。

4.8.1　边界层概念

边界层（boundary layer）概念是德国力学家普朗特在 1904 年根据直观和从物理的角度首先提出的。为解决粘性流体绕流问题开辟了新途径，并使流体绕流运动中一些复杂现象得到解释。边界层理论在流体力学发展史上具有划时代的意义。

1. 平板上的边界层

以等速均匀流绕顺流放置的薄平板流动（图 4-27）为例说明边界层的形成和特征。

当速度很大的粘性流体流经平板时，紧贴壁面的一层流体在壁面上无滑移，速度 $u_x = 0$，而壁面法线方向速度很快增大到来流速度，$u_x = U_0$。由此可见，平板上部流场存在两个性质不同的流动区域：贴近壁面很薄的流层内，速度梯度 $\mathrm{d}u_x/\mathrm{d}y$ 很大，粘性影响不能忽略，称

为边界层；边界层以外，速度梯度 $du_x/dy \approx 0$，粘性影响可以忽略，相当于无粘性流体运动。这样一来，边界层以外流体可按无粘性流体分析，边界层内的流体必须按粘性流体分析。

如图 4 – 27 所示，在平板的前缘，边界层的厚度为零，随着流体沿平板流动距离的增加，粘性的影响向来流内部扩展，边界层随之逐渐增厚，由壁面沿法线方向到速度 $u_x = 0.99U_0$ 处的距离定义为边界层厚度（boundary layer thickness），用 δ 表示。显然，δ 是由平板前缘算起的距离 x 的函数，$\delta = \delta(x)$。

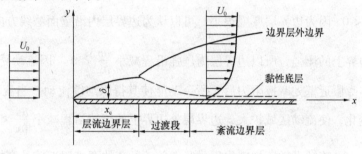

图 4 – 27　平板边界层

边界层内是粘性流体，必然存在层流和紊流两种流态。在边界层的前部，由于厚度很薄，速度梯度很大，流体受粘性力控制，边界层内是层流。随着流动距离的增加，边界层的厚度增大，速度梯度逐渐减小，粘性力的影响减弱，最终在某一断面上转变为紊流。实验得出，平板边界层流态转变断面处的临界雷诺数为

$$Re_c = \frac{U_0 x_c}{\nu} = 5.0 \times 10^5 \tag{4-47}$$

在紊流边界层内，紧靠壁面也有一层极薄的粘性底层。

2. 管道进口段的边界层

不仅绕流中存在边界层，内流也存在边界层。如图 4 – 28 所示，在管道进口断面上，速度接近均匀分布，进入管道后，因流体具有粘性，受壁面阻滞，和前面绕平板流动一样，也产生边界层。随着沿程边界层厚度的发展，沿程各断面的速度分布不断变化，直到边界层厚度发展到圆管中心，管中的流动全部成为边界层，断面的速度分布不再变化。自进口断面至断面的速度分布不再变化间的管段称为管道的进口段。

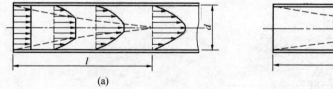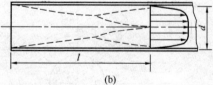

图 4 – 28　管道进口边界层

（a）层流进口边界层；（b）紊流进口边界层

圆管层流，进口段长度，按布辛尼斯克（Boussinesp）的研究成果

$$l = 0.028 Re \cdot d \tag{4-48}$$

圆管紊流，因边界层发展很快，进口段长度为

$$l = (50 \sim 100)d \tag{4-49}$$

进口段中速度分布的不断改组引起附加水头损失，在大多数工程计算中，这部分损失一并考虑在管道进口的局部水头损失之中。因此，仍把整个管道看成是均匀流。

4.8.2　曲面边界层及其分离现象

1. 曲面边界层的分离

以绕无限长圆柱体为例（图 4 – 29），说明绕曲面壁的流动。当流体沿曲面壁（定义为 x 轴）流动时，在 DE 段由于流体受壁面挤压，边界层外边界上的流速沿程增加 $\frac{\partial u}{\partial x} > 0$，压强沿程减小 $\frac{\partial p}{\partial x} < 0$。因为边界层厚度很小，可以认为边界层内沿壁面法线方向上各点的压强相等，等于外边界上的压强，所以边界层内压强沿程减小 $\frac{\partial p}{\partial x} < 0$。因流动受顺压梯度作用，紧靠壁面的流体克服近壁处摩擦阻力后，所余动能使其得以继续流动。当流体流过 E 点后，因壁面的走向变化，使流动区域扩大，边界层外边界上的流速沿程减小 $\frac{\partial u}{\partial x} < 0$，边界层内压强沿程增大 $\frac{\partial p}{\partial x} > 0$。流动受逆压梯度作用，紧靠壁面的流体要克服近壁处摩擦阻力和逆压梯度作用，流速沿程迅速减缓，在 S 点的下游靠近壁面的流体，在逆压梯度作用下反向回流，使边界层脱离壁面，在壁面与主流间形成旋涡区，这就是曲面边界层的分离。S 点称为边界层的分离点。

2. 绕流阻力的组成

物体绕流，除了沿物体表面的摩擦阻力耗能，还有尾流旋涡耗能。在绕流物体边界层分离点下游形成的旋涡区统称为尾流（wake flow），尾流区物体表面的压强低于来流的压强，这两部分的压强差，造成作用于物体上的压差阻力。因此，绕流阻力（drag due to flow around a body）是由压差阻力（pressure drag）和摩擦阻力（friction drag）两部分组成。压差阻力的大小，决定于尾流区的大小，也就是决定于边界层分离点的位置，分离点沿绕流物体表面后移，尾流区减小，压差阻力减小，摩擦阻力增加。但是，在较高雷诺数时，摩擦阻力较压差阻力小得多。因此减小压差阻力是减小绕流阻力的关键。工程中为了减小绕流阻力，特设计流线型体。图 4 – 30 是以同一比例绘出的流线型体和圆柱体（图中的小圆点），两种型体表面积和体积相差悬殊，但是测得以相同速度前行二者的绕流阻力相等。

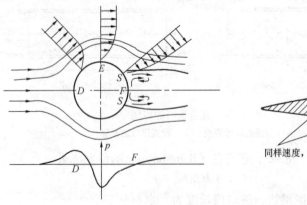

图 4 – 29　曲面边界层的分离　　　　图 4 – 30　流线型体

3. 卡门涡街

圆柱绕流中尾流形态的变化，主要取决于雷诺数的大小。当雷诺数 $Re = U_0 d/\nu < 0.5$ 时，流体平顺地绕过圆柱，并在下游重新汇合 [图 4 – 31(a)]。当 $Re = 20 \sim 30$，边界层出现分离，圆柱后部形成两个位置固定、旋转方向相反的旋涡，受到排挤的主流在下游不远处重新汇合，尾流区不长 [图 4 – 31(b)]。当 Re 继续增大，尾流呈现周期性摆动，当 $Re \approx 90$ 时，旋涡从圆柱后部两侧交替脱落，被带向下流，排成两列 [图 4 – 31(c)]。1911 年卡门（carmen, T. von）研究了这一特殊的流动现象，人们将其称为卡门涡街（carmen vortex street）。

卡门涡街不仅在圆柱后形成，也可在其他形状物体后形成，如高层建筑物、烟囱、铁塔等。由于旋涡交替产生，在绕流物体上产生垂直于流动方向的交替侧向力，由此引起物体振动，一旦旋涡产生的频率与物体的自振频率相耦合时，就会发生共振，对物体造成危害。1940 年 11 月 7 日美国著名的塔科马（Tocoma）悬索桥在 8 级台风中遭破坏，就是风致振动造成的。此外，旋涡交替产生的声响效应，是输电线在大风中啸叫，锅炉内烟气流过管束时发出噪声的原因。

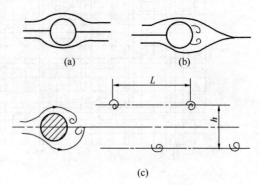

图 4 – 31　圆柱绕流图形

雷诺数更大，当 $Re > 300$ 以后，圆柱后方的涡街排列逐渐失去其规律性和周期性，涡街随之消失。

4.8.3　绕流阻力的计算

牛顿于 1726 年提出绕流阻力 D 的计算公式

$$D = C_D \frac{\rho U_0^2}{2} A \tag{4 – 50}$$

式中　ρ——流体的密度，kg/m^3；

　　U_0——未受干扰时的来流速度，m/s；

　　A——绕流物体在垂直于来流速度方向的迎流投影面积，m^2；

　　C_D——绕流阻力系数。

对于小雷诺数圆球绕流阻力，当雷诺数很小（$Re = U_0 d/\nu < 1$），运动受粘性力的支配，斯托克斯（Stokes, G.）1851 年推导出圆球的绕流阻力为

$$D = 3\pi\mu d U_0 \tag{4 – 51}$$

用牛顿的阻力公式表示，即

$$D = 3\pi\mu d U_0 = \frac{24}{Re} \frac{\rho U_0^2}{2} \frac{\pi d^2}{4} = C_D \frac{\rho U_0^2}{2} A$$

$$C_D = \frac{24}{Re} \tag{4 – 52}$$

式（4 – 51）或式（4 – 52）经实测在 $Re \leqslant 1$ 范围内与实际相符。

一般情况下，绕流阻力 C_D 主要取决于雷诺数，并和物体的形状、表面的粗糙情况，以

及来流的紊流强度有关，由实验确定。图 4-32 为圆球、圆盘及无限长圆柱的阻力系数的实验曲线。

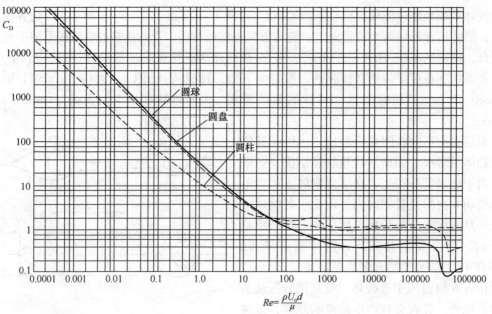

图 4-32　圆球、圆盘、无限长圆柱的阻力系数的曲线

分析圆球绕流阻力系数 C_D 随 Re 的变化关系（图 4-32）。雷诺数很小（$Re < 1$）时，流体平顺地绕过球体，尾部不出现旋涡，符合 $C_D = 24/Re$。当 $Re > 1$，球表面出现层流边界层分离，分离点随 Re 增大而前移，随之摩擦阻力所占比重减少，压差阻力增加，C_D 曲线下降的坡度逐渐变缓。$Re = 10^3 \sim 2.5 \times 10^5$，边界层分离点稳定在自上游驻点算起 80° 附近。这时摩擦阻力占总阻力的比重很小，C_D 值介于 0.4 ~ 0.5 之间，几乎不随 Re 变化。当雷诺数增至 $Re = 3 \times 10^5$ 附近时，C_D 值急剧下降，这一现象称为"失阻"。这是因为分离点上游的边界层由层流变为紊流，紊流的掺混作用，使边界层内紧靠壁面的流体质点得到较多的动能补充，分离点后移，旋涡区显著减小，从而压差阻力大大降低。出现"失阻"的雷诺数随来流的紊动强度和物体表面粗糙程度的不同而异，来流紊动强度愈大，壁面愈粗糙，出现"失阻"的雷诺数愈小。

垂直来流的圆盘，其阻力系数 C_D 在 $Re > 3 \times 10^3$ 以后为一常数。这是因为边界层分离点固定在圆盘边缘上，旋涡区不随 Re 变化的缘故。圆柱体绕流阻力系数的变化情况与圆球绕流相似。

【例 4-9】　按 500m 间距配置输电塔，两塔间架设 20 根直径 2cm 的电缆线，若风速为 80km/h，横向吹过电缆，求电塔承受的力。已知空气的密度为 1.2kg/m^3，空气的动力粘度为 $1.7 \times 10^{-5}\text{Pa} \cdot \text{s}$，假设电缆间无干扰。

【解】　计算 Re，确定 C_D 值

$$Re = \frac{\rho U_0 d}{\mu} = \frac{1.2\ \text{kg/m}^3 \times \dfrac{80000}{3600}\ \text{m/s} \times 0.02\text{m}}{1.7 \times 10^{-5}\text{Pa} \cdot \text{s}} = 3.13 \times 10^4$$

按 Re，由图 4 - 32 查的 C_D 约为 1.2

单根电缆迎流面积

$$A = dl = 0.02\text{m} \times 500\text{m} = 10\text{m}^2$$

单根电缆上的绕流阻力

$$D = C_D \frac{\rho U_0^2}{2} A = 1.2 \times \frac{1.2\text{ kg/ m}^3 \times \left(\frac{80000}{3600}\text{ m/s}\right)^2}{2} \times 10\text{m}^2 = 3556\text{N}$$

两座电塔承受的力

$$F = nD = 20 \times 3556\text{N} = 71.12\text{kN}$$

本章习题

选择题（单选题）

4.1 圆管流过流断面上的切应力分布为：（a）在过流断面上是常数；（b）管轴处是零，且与半径成正比；（c）管壁处是零，管轴线处最大；（d）按抛物线分布。

4.2 圆管流的临界雷诺数（下临界雷诺数）：（a）随管径变化；（b）随流体的密度变化；（c）随流体的粘度变化；（d）不随以上各量变化。

4.3 在圆管流中，层流的断面流速分布符合：（a）均匀规律；（b）直线变化规律；（c）抛物线规律；（d）对数曲线规律。

4.4 半圆形明渠，半径 $r_0 = 4$m，水力半径为：（a）4m，（b）3m，（c）2m，（d）1m。

4.5 变直径管流，细管段直径 d_1，粗管段直径 $d_2 = 2d_1$，两断面雷诺数的关系是：（a）$Re_1 = 0.5Re_2$；（b）$Re_1 = Re_2$；（c）$Re_1 = 1.5Re_2$；（d）$Re_1 = 2Re_2$。

4.6 圆管层流运动，轴心处最大流速与断面平均流速的比值是：（a）1.0；（b）1.5；（c）0.5；（d）2。

4.7 圆管层流，实测管轴上流速为 0.4m/s，则断面平均流速为：（a）0.4 m/s；（b）0.3 m/s；（c）0.2m/s；（d）0.1m/s。

4.8 有压圆管层流运动的沿程阻力系数 λ 随着雷诺数 Re 增加如何变化?（a）反比；（b）线性地减少；（c）不变；（d）增加。

4.9 层流的沿程损失，与平均流速的多少次方成正比?（a）2 次方；（b）1.75 次方；（c）1 次方；（d）1.85 次方。

4.10 圆管紊流过渡区的沿程阻力系数 λ：（a）与 Re 有关；（b）与管壁相对粗糙 K/d 和 Re 有关；（c）与管壁相对粗糙 K/d 有关；（d）与 Re 和管长 l 有关。

4.11 圆管紊流粗糙区的沿程阻力系数 λ：（a）与 Re 有关；（b）与管壁相对粗糙 K/d 和 Re 有关；（c）与管壁相对粗糙 K/d 有关；（d）与 Re 和管长 l 有关。

4.12 工业管道的沿程阻力系数 λ，在紊流过渡区随雷诺数的增加：（a）增加；（b）减小；（c）不变；（d）不定。

4.13 若一管道的绝对粗糙度不变，只要改变管道的流动参数，也能使其由紊流粗糙管变为紊流光滑管，这是因为：（a）加大流速后，粘性底层变厚了；（b）减少管中雷诺数，粘性底层变厚掩盖了绝对粗糙度；（c）流速加大后，把管壁冲得光滑了；（d）其他原因。

4.14 边界层分离现象的重要后果是下述哪一条？（a）减少了边壁与液流的摩擦力；（b）仅仅增加了流体的紊动性；（c）产生了有大量涡流的尾流区，增加绕流运动的压差阻力；（d）增加了绕流运动的摩擦阻力。

4.15 减少绕流阻力的物体形状应为：（a）流线形；（b）圆形；（c）三角形；（d）矩形。

计算题

4.16 通风管道直径为 250mm，输送的空气温度为 20℃，试求保持层流的最大流量；若输送空气的质量流量为 200kg/h，其流态是层流还是紊流？

4.17 输油管的直径 $d = 200mm$，流量 $Q = 40L/s$，油的运动粘度 $\nu = 1.6cm^2/s$，试求每千米长的沿程水头损失。

4.18 为了确定圆管内径，在管内通过 $\nu = 0.013cm^2/s$ 的水，实测流量为 $35cm^3/s$，长 15m 管段上的水头损失为 2cm 水柱。试求此圆管的内径。

4.19 应用细管式粘度计测定油的粘度（图 4-33），已知细管直径 $d = 8mm$，测量段长 $l = 2m$，实测油的流量 $Q = 70cm^3/s$。水银压差计读值 $h_p = 30cm$，油的密度 $\rho = 901kg/m^3$，试求油的运动粘度 ν 和动力粘度 μ。

4.20 如图 4-34 所示，油管直径为 75mm，已知油的密度为 $901kg/m^3$，运动粘度为 $0.9cm^2/s$。在管轴位置安放连接水银压差计的皮托管，水银面高差 $h_p = 20cm$，试求油的流量。

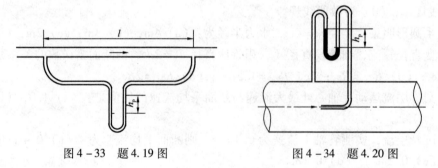

图 4-33 题 4.19 图   图 4-34 题 4.20 图

4.21 自来水管长 600 m，直径 300mm，铸铁管，通过流量 60m³/h，试用莫迪图计算沿程水头损失。

4.22 钢筋混凝土输水管直径为 300 mm，长度为 500m，沿程水头损失为 1m，试用谢才公式求管道中流速。

4.23 矩形风道的断面尺寸为 1200mm × 600mm，空气流量为 4200m³/h，空气密度为 1.11kg/m³，测得相距 12m 的两端面间的压强差为 31.6N/m²，试求风道的沿程阻力系数。

4.24 圆管和正方形管道的断面面积、长度、相对粗糙度都相等，且通过的流量相等，试求两种形状管道沿程水头损失之比：（1）管流为层流；（2）管流为紊流粗糙区。

4.25 水箱中的水通过等直径的垂直管道向大气流出（图 4-35）。如水箱的水深 H，管道直径 d，管道长 l，沿程阻力系数 λ，局部阻力系数 ζ，试问在什么条件下，流量随管长的增加而减小？

4.26 突扩管（图 4-36），使管道的平均流速 v_1 减到 v_2，若直径 d_1 及流速 v_1 一定，试求使测压管液面差 h 成为最大的 v_2 及 d_2 是多少？并求最大 h 值。

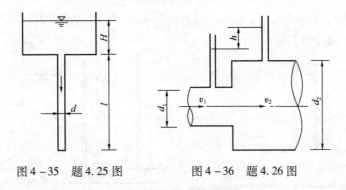

图 4 - 35　题 4.25 图　　　　　　图 4 - 36　题 4.26 图

4.27　水箱中的水经管道出流（图 4 - 37），已知管道直径为 25mm，长度为 6m，水位 $H = 13$m，沿程阻力系数 $\lambda = 0.02$，试求流量及管壁切应力。

4.28　输水管道中设有阀门（图 4 - 38），已知管道直径为 50mm，通过流量为 3.34L/s，水银压差计读值 $\Delta h = 150$mm，沿程水头损失不计，试求阀门的局部阻力系数。

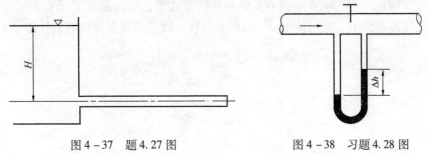

图 4 - 37　题 4.27 图　　　　　图 4 - 38　习题 4.28 图

4.29　如图 4 - 39 所示，水管直径为 50mm，1、2 两断面相距 15m，高差 3m，通过流量 $Q = 6$L/s，水银压差计读值为 250mm，试求管道的沿程阻力系数。

4.30　两水池水位恒定（图 4 - 40），已知管道直径 $d = 10$cm，管长 $l = 20$m，沿程阻力系数 $\lambda = 0.042$，局部阻力系数 $\zeta_弯 = 0.8$，$\zeta_阀 = 0.26$，通过流量 $Q = 65$L/s。试求水池水面高差 H。

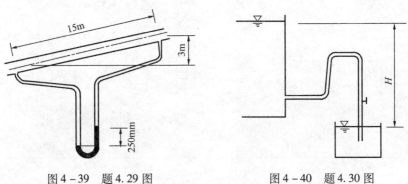

图 4 - 39　题 4.29 图　　　　　图 4 - 40　题 4.30 图

4.31　为测定 90°弯头的局部阻力系数 ξ，可采用如图 4 - 41 所示的装置。已知 AB 段管长 $l = 10$m，管径 $d = 50$mm，$\lambda = 0.03$。实测数据为（1）AB 两断面测压管水头差 $\Delta h = 0.629$m；（2）经两分钟流入量水箱的水量为 0.329m³。求弯头的局部阻力系数 ζ。

4.32　如图 4 - 42 所示，测定一阀门的局部阻力系数，在阀门的上下游装设了 3 个测压管，其间距 $L_1 = 1\text{m}$，$L_2 = 2\text{m}$，若直径 $d = 50\text{mm}$，实测 $H_1 = 150\text{cm}$，$H_2 = 125\text{cm}$，$H_3 = 40\text{cm}$，流速 $v = 3\text{m/s}$，求阀门的 ζ 值。

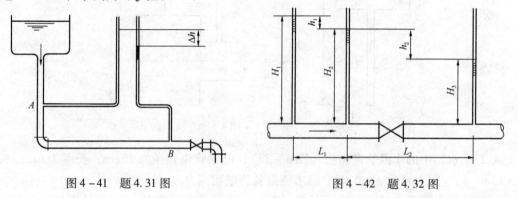

图 4 – 41 题 4.31 图   图 4 – 42 题 4.32 图

4.33　有两辆迎风面积相同，$A = 2\text{m}^2$ 的汽车，其一为 20 世纪 20 年代的老式车，绕流阻力系数 $C_D = 0.8$，另一为 90 年代有良好外形的新式车，阻力系数 $C_D = 0.28$。若两车在气温 20℃，无风的条件下，均以 90km/h 的车速行驶，试求为克服空气阻力各需多大功率。

第5章 孔口、管嘴出流和有压管道恒定流

教学要求：理解孔口、管嘴出流及有压管道恒定流的基本概念及有关公式；掌握串、并联管路的水头计算。

孔、管嘴出流和有压管道恒定流是工程中最常见的一类流动现象。孔口、管嘴出流和有压管道恒定流计算的基本任务是应用流体运动的连续性方程、总流伯努利方程以及流体运动的能量损失规律，计算一定条件下的流量和阻力损失。

5.1 孔口恒定自由出流

容器壁上开孔，流体经孔口流出的水力现象称为孔口出流（orifice flow）。孔口出流时，水流与孔壁仅在一条周线上接触，壁厚对出流无影响，这样的孔口称为薄壁孔口（shape edged orifice）。孔口上、下缘在水面下的深度是不同的图 5 – 1，在实际计算中，当孔口的直径 d（或高度 e）与孔口形心在水面下的深度 H 相比很小，如 $d \leqslant H/10$，可认为孔口断面上各点的水头相等，这样的孔口是小孔口；当 $d > H/10$，应考虑孔口断面上不同高度处的水头不等，这样的孔口是大孔口。

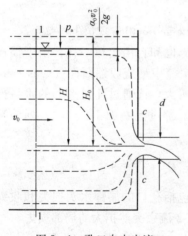

图 5 – 1 孔口自由出流

现在对水经过薄壁小孔口恒定自由出流的流动现象进行分析。水由孔口流入大气中称为自由出流（free outflow），如图 5 – 1 所示。孔口出流时，水流由各方向向孔口汇集。由于水流的惯性作用，流线不能突然改变方向，流出孔口的水流的流线仍保持着一定的曲度，因此，在孔口断面处流线并不平行。流束继续收缩，水流的过流断面面积也逐渐收缩到最小面积，这一过流断面 c-c 称为收缩断面。收缩断面的位置，对圆形小孔口约位于孔口断面出口的 $d/2$ 处。水流过收缩断面后，水流在重力作用下下落。

设孔口断面面积为 A，收缩断面面积为 A_c，则

$$\varepsilon = \frac{A_c}{A} \tag{5 – 1}$$

式中 ε——收缩系数。

推导孔口出流的基本公式。选通过孔口形心的水平面为基准面，取容器内符合渐变流条件的过流断面 1-1，收缩断面 c-c，列伯努利方程

$$H + \frac{p_0}{\rho g} + \frac{\alpha_0 v_0^2}{2g} = \frac{p_c}{\rho g} + \frac{\alpha_c v_c^2}{2g} + \zeta \frac{v_c^2}{2g}$$

式中 $p_0 = p_c = p_a$，化简上式得

$$H + \frac{\alpha_0 v_0^2}{2g} = (\alpha_c + \zeta) \frac{v_c^2}{2g}$$

令 $H_0 = H + \alpha_0 v_0^2 / 2g$，代入上式，整理得

收缩断面流速

$$v_c = \frac{1}{\sqrt{\alpha_c + \zeta}} \sqrt{2gH_0} = \varphi \sqrt{2gH_0} \qquad (5-2)$$

孔口的流量

$$Q = v_c A_c = \varepsilon A \varphi \sqrt{2gH_0} = \mu A \sqrt{2gH_0} \qquad (5-3)$$

式中　H_0——作用水头，如 $v_0 \approx 0$，则 $H_0 = H$；

　　　ζ——孔口的局部水头损失系数；

　　　φ——孔口的流速系数，$\varphi = 1/(\alpha_c + \zeta)^{0.5} = 1/(1 + \zeta)^{0.5}$；

　　　μ——孔口的流量系数（flow coefficient），$\mu = \varepsilon \varphi$。

薄壁小孔口各项系数的实测值列入表 5-1。

表 5-1　薄壁小孔口各项系数

收缩系数 ε	损失系数 ζ	流速系数 φ	流量系数 μ
0.64	0.06	0.97	0.62

5.2　孔口恒定淹没出流

水由孔口直接流入另一部分水体中称为淹没出流（submerged outflow）（图 5-2）。

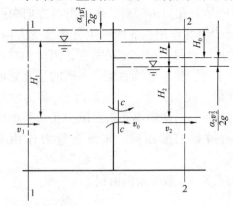

图 5-2　孔口淹没出流

孔口淹没出流也和自由出流一样，由于惯性作用，水流经孔口流束形成收缩断面（vena contracta）c-c，然后扩大。选通过孔口形心的水平面为基准面，取上下游过流断面 1-1、2-2，列伯努利方程

$$H_1 + \frac{\alpha_1 v_1^2}{2g} = H_2 + \frac{\alpha_2 v_2^2}{2g} + \zeta \frac{v_c^2}{2g} + \zeta_{se} \frac{v_c^2}{2g}$$

式中水头损失项包括孔口的局部水头损失和收缩断面 c-c 至断面 2-2 流束突然扩大的局部损失。

令 $H_0 = H_1 - H_2 + \alpha_1 v_1^2 / 2g$，又 v_2 忽略不计，代入上式，整理得

收缩断面流速

$$v_c = \frac{1}{\sqrt{\zeta + \zeta_{se}}} \sqrt{2gH_0} = \varphi \sqrt{2gH_0} \qquad (5-4)$$

孔口的流量

$$Q = v_c A_c = \varepsilon A \varphi \sqrt{2gH_0} = \mu A \sqrt{2gH_0} \qquad (5-5)$$

式中　H_0——作用水头，若 $v_1 \approx 0$，则 $H_0 = H_1 - H_2 = H$；

$\quad\zeta$——孔口的局部水头损失系数，与自由出流相同；

$\quad\zeta_{se}$——水流从收缩断面突然扩大的局部水头损失系数，根据式（4-43）计算，当 $A_2 \gg A_c$ 时，$\zeta_{se} \approx 1$；

$\quad\varphi$——淹没孔口的流速系数，$\varphi = 1/(\zeta + \zeta_{se})^{0.5} = 1/(1 + \zeta)^{0.5}$；

$\quad\mu$——淹没孔口的流量系数，$\mu = \varepsilon\varphi$。

比较孔口出流的基本公式（5-3）和式（5-5），两式的形式相同，各项系数值也相同，但要注意，自由出流的水头 H 是水面至孔口形心的高度，而淹没出流的水头 H 是上下游水面高度差。因为淹没出流孔口断面各点的水头相等，所以淹没出流无"大"、"小"孔口之分。

小孔口出流的基本公式（5-3）也适用于大孔口。由于大孔口的收缩系数 ε 值较大，因而大孔口的流量系数 μ 也较大，大孔口流量系数的实测值列入表 5-2。

表 5-2　大孔口的流量系数

收缩情况	μ
全部不完全收缩	0.70
底部无收缩，侧向有适度收缩	0.66~0.70
底部无收缩，侧向很小收缩	0.70~0.75
底部无收缩，侧向极小收缩	0.80~0.90

5.3　管嘴出流

若孔口的壁厚是孔口直径的 3~4 倍，或在薄壁孔口外接一段管长 $l = (3~4)d$ 的短管，水通过短管并在出口断面满管流出的水力现象称为管嘴出流（nozzle flow）。管嘴出流的沿程损失与局部损失相比，沿程损失可忽略不计，水头损失仍只计局部损失。

水经圆柱管嘴或扩张管嘴流出时，由于水的惯性作用，在管嘴内形成收缩断面，然后扩大并充满管嘴全断面流出。实验观察表明，在收缩断面处，水流与管壁脱离形成环状真空区。由于真空区的存在，相当于增大了管嘴的作用水头，虽然管嘴的局部阻力大于孔口的，但还是提高了管嘴的过流能力，这是管嘴出流与孔口出流所不同的。

现讨论圆柱形外管嘴恒定出流的计算方法。

5.3.1　圆柱形外管嘴恒定出流

在孔口上外接长度 $l = (3~4)d$ 的短管，就是圆柱形外管嘴（图 5-3）。水流入管嘴在距进口不远处，形成收缩断面 c-c，在收缩断面处主流与壁面脱离，并形成旋涡区，其后水流逐渐扩大，在管嘴出口断面满管出流。

设开口容器，水由管嘴自由出流，取容器内过流断面 1-1 和管嘴出口断面 b-b 列伯努利方程

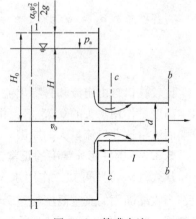

图 5-3　管嘴出流

$$H + \frac{\alpha_0 v_0^2}{2g} = \frac{\alpha v^2}{2g} + \zeta_n \frac{v^2}{2g}$$

令 $H_0 = H + \alpha_0 v_0^2/2g$，代入上式，整理得

管嘴出口流速

$$v = \frac{1}{\sqrt{\alpha + \zeta_n}} \sqrt{2gH_0} = \varphi_n \sqrt{2gH_0} \tag{5-6}$$

管嘴流量

$$Q = vA = \varphi_n A \sqrt{2gH_0} = \mu_n A \sqrt{2gH_0} \tag{5-7}$$

式中　H_0——作用水头，如 $v_0 \approx 0$，则 $H_0 = H$；

ζ_n——管嘴的局部水头损失系数，相当于管道锐缘进口的损失系数，$\zeta_n = 0.5$；

φ_n——管嘴的流速系数，$\varphi_n = 1/(\alpha + \zeta_n)^{0.5} = 1/(1 + 0.5)^{0.5} = 0.82$；

μ_n——管嘴的流量系数，因出口断面无收缩，$\mu_n = \varphi_n = 0.82$。

比较式（5-7）和式（5-3），两式形式上完全相同，然而流量系数 $\mu_n = 1.32\mu$，可见在相同的作用水头下，同样面积时，管嘴的过流能力是孔口过流能力的 1.32 倍。

5.3.2　收缩断面的真空

对收缩断面 c-c 和出口断面 b-b 列伯努利方程

$$\frac{p_c}{\rho g} + \frac{\alpha_c v_c^2}{2g} = \frac{p_a}{\rho g} + \frac{\alpha v^2}{2g} + \zeta_{se} \frac{v^2}{2g}$$

则

$$\frac{p_a - p_c}{\rho g} = \alpha_c \frac{v_c^2}{2g} - \alpha \frac{v^2}{2g} - \zeta_{se} \frac{v^2}{2g}$$

其中

$$v_c = Av/A_c = v/\varepsilon$$

局部水头损失主要发生在主流扩大上，由式（4-43）

$$\zeta_{se} = \left(\frac{A}{A_c} - 1\right)^2 = \left(\frac{1}{\varepsilon} - 1\right)^2$$

代入上式，得到

$$\frac{p_v}{\rho g} = \left[\frac{\alpha_c}{\varepsilon^2} - \alpha - \left(\frac{1}{\varepsilon} - 1\right)^2\right] \frac{v^2}{2g} = \left[\frac{\alpha_c}{\varepsilon^2} - \alpha - \left(\frac{1}{\varepsilon} - 1\right)^2\right] \varphi_n^2 H_0$$

将各项系数 $\alpha_c = \alpha = 1$，$\varepsilon = 0.64$，$\varphi_n = 0.82$ 代入上式，得收缩断面的真空度

$$\frac{p_v}{\rho g} = 0.75H_0 \tag{5-8}$$

比较孔口自由出流和管嘴出流，前者收缩断面在大气中，而后者的收缩断面为真空区，真空高度是作用水头的 0.75 倍，相当于把孔口出流的作用水头增大 75%，这正是圆柱形外管嘴的流量比孔口流量大的原因。

5.3.3　圆柱形外管嘴的正常工作条件

从式（5-8）可知，作用水头 H_0 越大，管嘴内收缩断面的真空高度也越大。但实际上，当收缩断面的真空高度超过 7m 水柱，空气将会从管嘴出口断面"吸入"，使得收缩断面的真空被破坏，管嘴不能保持满管出流。为了限制收缩断面的真空高度 $(p_v/\rho g) \leqslant 7m$，规

定管嘴作用水头的限值$[H_0] = 7\text{m}/0.75 = 9.3\text{ m}$。

其次，对管嘴的长度也有一定限制。长度过短，流束在管嘴内收缩后来不及扩大到整个出口断面，不能阻断空气进入，收缩断面不能形成真空，管嘴仍不能发挥作用；长度过长，沿程水头损失不容忽略，管嘴出流变为短管出流。

所以，圆柱形外管嘴的正常工作条件是：（1）作用水头$H_0 \leqslant 9.3\text{m}$；（2）管嘴长度$l = (3 \sim 4)d$。

5.4 有压管流

有压管流是输送液体和气体的主要方式。分析恒定有压管流，主要是应用连续性方程、伯努利方程和能量损失的计算公式。能量损失包括沿程损失和局部损失。工程上为了简化计算，按两类水头损失在全部损失中所占比重的不同，将管道分为短管和长管两类。长管（long pipe）是该管流中的能量损失以沿程损失为主，局部损失和流速水头（或气流动压）所占比重很小，可以忽略不计的管道，如城市室外给水管道就属于长管。短管（short pipe）是指局部损失和流速水头（或气流动压）所占比重较大，计算时不能忽略的管道，如铁路涵管。

5.4.1 短管的水力计算

1. 基本公式

设自由出流短管（图 5 - 4），水箱水位恒定。取水箱内过流断面 1-1，管道出口断面 2-2 列伯努利方程，其中$v_1 \approx 0$，则有

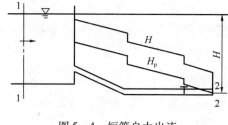

$$H = \frac{\alpha v^2}{2g} + h_\text{w}$$

式中水头损失$h_\text{w} = \left(\lambda \dfrac{l}{d} + \Sigma \zeta\right)\dfrac{v^2}{2g}$代入上式，整理得

图 5 - 4 短管自由出流

流速$\quad v = \dfrac{1}{\sqrt{\alpha + \lambda \dfrac{l}{d} + \Sigma \zeta}}\sqrt{2gH}$

流量$\qquad\qquad Q = vA = \mu A \sqrt{2gH}$ (5 - 9)

上式是自由出流短管的基本公式，式中$\mu = \dfrac{1}{\sqrt{\alpha + \lambda \dfrac{l}{d} + \Sigma \zeta}}$

若短管淹没出流（图 5 - 5），取上下游水箱内过流断面 1-1、2-2，列伯努利方程，其中$v_1 \approx v_2 \approx 0$，则有

$$H = h_\text{w} = \left(\lambda \frac{l}{d} + \Sigma \zeta\right)\frac{v^2}{2g}$$

流速$\quad v = \dfrac{1}{\sqrt{\lambda \dfrac{l}{d} + \Sigma \zeta}}\sqrt{2gH}$

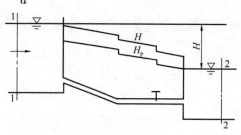

图 5 - 5 短管淹没出流

流量
$$Q = vA = \mu A \sqrt{2gH} \tag{5-10}$$

上式是淹没出流短管的基本公式，式中流量系数 $\mu = \dfrac{1}{\sqrt{\lambda \dfrac{l}{d} + \Sigma \zeta}}$，其中 $\Sigma \zeta$ 含管道出口水头

损失系数 $\zeta = 1$。

2. 水力计算问题

短管水力计算包括三类基本问题。

第一类：已知作用水头、管道长度、直径、管材（管壁粗糙情况）、局部障碍的组成，求流量。

第二类：已知流量、管道长度、直径、管材（管壁粗糙情况）、局部障碍的组成，求作用水头。

第三类：已知流量、作用水头、管道长度、管材（管壁粗糙情况）、局部障碍的组成，求直径。

以上三类问题都能通过建立伯努利方程求解，也可以直接用基本公式(5-9)或(5-10)求解，下面结合实际问题作进一步说明。

（1）虹吸管（siphon）的水力计算

管道轴线的一部分高出无压的上游供水水面，这样的管道称为虹吸管（图5-6）。由于虹吸管的一部分高出无压的供水水面，管内必存在真空区段。随着真空高度的增大，溶解在水中的空气分离出来，并在虹吸管顶部聚集，挤缩过流断面，阻碍水流运动，直至造成断流。为保证虹吸管正常过流，工程上限制管内最大真空高度不超过允许值 $[h_v] = 7 \sim 8.5 \mathrm{m}$ 水柱。

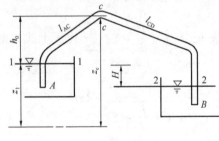

图 5-6　虹吸管

设虹吸管各部分尺寸及局部障碍如图5-6所示。

虹吸管的流速
$$v = \dfrac{1}{\sqrt{\lambda \dfrac{l_{AB}}{d} + \underset{1-2}{\Sigma} \zeta}} \sqrt{2gH}$$

式中，$\underset{1-2}{\Sigma} \zeta$ 表示断面1-1、2-2间各项局部水头损失系数：管道入口 ζ_e，转弯 ζ_{b1}、ζ_{b2}、ζ_{b3}，管道出口 $\zeta_c = 1$ 之和，即

$$\underset{1-2}{\Sigma} \zeta = \zeta_e + \zeta_{b1} + \zeta_{b2} + \zeta_{b3} + 1$$

虹吸管的流量
$$Q = v \dfrac{\pi d^2}{4}$$

虹吸管的最大真空高度：取断面1-1、c-c 列伯努利方程，流速 $v_1 \approx 0$，得

$$\dfrac{p_a - p_c}{\rho g} = (z_c - z_1) + \left(\alpha + \lambda \dfrac{l_{AC}}{d} + \underset{1-c}{\Sigma} \zeta\right)\dfrac{v^2}{2g}$$

即
$$h_{vmax} = h_0 + \left(\alpha + \lambda \dfrac{l_{AC}}{d} + \underset{1-c}{\Sigma} \zeta\right)\dfrac{v^2}{2g} < [h_v] \tag{5-11}$$

或
$$h_{vmax} = h_0 + \dfrac{\alpha + \lambda \dfrac{l_{AC}}{d} + \underset{1-c}{\Sigma} \zeta}{\lambda \dfrac{l_{AB}}{d} + \underset{1-2}{\Sigma} \zeta} H < [h_v] \tag{5-12}$$

其中　　$\displaystyle\sum_{1-c}\zeta = \zeta_e + \zeta_{b1} + \zeta_{b2}$

为保证虹吸管正常工作，必须满足 $h_{vmax} < [h_v]$，由式（5-12）可知，虹吸管的最大超高 h_0 和作用水头 H 都受 $[h_v]$ 的制约。

【例 5-1】　如图 5-6 所示，虹吸管上下游水位的水位差 H 为 2.5m，管长 l_{AC} 段为 15m，l_{CB} 段为 25m，管径 $d = 200\text{mm}$，沿程摩阻系数 $\lambda = 0.025$，入口水头损失系数 $\zeta_e = 1.0$，各转弯的水头损失系数 $\zeta_b = 0.2$，管顶允许真空高度 $[h_v] = 7\text{m}$。试求通过流量及最大允许超高。

【解】　通过虹吸管水流的流速

$$v = \frac{1}{\sqrt{\lambda\dfrac{l_{AB}}{d} + \zeta_e + 3\zeta_b + 1}}\sqrt{2gH} = 2.54\ \text{m/s}$$

虹吸管的流量

$$Q = v\frac{\pi d^2}{4} = 0.08\ \text{m}^3/\text{s}$$

虹吸管的最大允许超高

已知 $[h_v] = 7\text{m}$，由式（5-11）得

$$h_0 = [h_v] - \left(\alpha + \lambda\frac{l_{AC}}{d} + \zeta_e + 2\zeta_b\right)\frac{v^2}{2g} = 5.59\ \text{m}$$

（2）水泵（pump）吸水管的水力计算

离心泵吸水管的水力计算，主要为确定泵的安装高度，也就是泵轴线在吸水池水面以上的高度 H_s（图 5-7）。

取吸水池水面 1-1 和水泵在进口断面 2-2 列伯努利方程，忽略吸水池水面流速，得

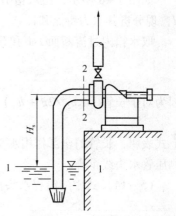

$$\frac{p_a}{\rho g} = H_s + \frac{p_2}{\rho g} + \frac{\alpha v^2}{2g} + h_w$$

整理得

$$H_s = \frac{p_a - p_2}{\rho g} - \frac{\alpha v^2}{2g} - h_w = h_v - \left(\alpha + \lambda\frac{l}{d} + \Sigma\zeta\right)\frac{v^2}{2g}$$

$$(5-13)$$

图 5-7　离心泵吸水管

式中　　H_s——水泵安装高度，m；

　　　　h_v——水泵进口断面真空高度，$h_v = (p_a - p_2)/\rho g$，m；

　　　　λ——吸水管沿程摩阻系数；

　　　　$\Sigma\zeta$——吸水管各项局部水头损失系数之和。

式（5-13）表明，水泵的安装高度与进口的真空高度有关。进口断面的真空高度是有限制的。通常水泵厂由实验给出允许吸水真空高度 $[h_v]$，做为水泵的性能指标之一。

【例 5-2】　如图 5-7 所示的离心泵，抽水流量 $Q = 8.11\text{L/s}$，吸水管长度 $l = 9.0\text{m}$，直径 $d = 100\text{mm}$，沿程摩阻系数 $\lambda = 0.035$，局部水头损失系数为：有滤网的底阀 $\zeta = 7.0$，

90°弯管 $\zeta_b = 0.3$，泵的允许吸水真空高度 $[h_v] = 5.7\text{m}$，确定水泵的最大安装高度。

【解】 由式（5－13）

$$H_s = h_v - \left(\alpha + \lambda\frac{l}{d} + \Sigma\zeta\right)\frac{v^2}{2g}$$

式中，流速 $v = \dfrac{4Q}{\pi d^2} = 1.03 \text{ m/s}$，

h_v 以允许吸水真空高度 $[h_v] = 5.7\text{m}$ 代入，得最大安装高度

$$H_s = 5.7 - \left(1 + 0.035 \times \frac{9}{0.1} + 7 + 0.3\right)\frac{1.03^2}{2 \times 9.8} = 5.08 \text{ m}$$

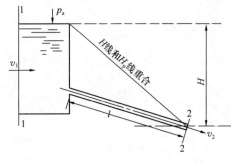

图 5－8　简单管道

（3）短管直径计算

管道直径的计算，最后化简为解算高次代数方程，难以由方程直接求解，一般可采用试算法，更适合编程用计算机求解。

5.4.2　长管的水力计算

1. 简单管道

沿程直径不变，流量也不变的管道称为简单管道。简单管道是一切复杂管道水力计算的基础。

如图 5－8 所示，由水箱引出简单管道，长度 l，直径 d，水箱水面距管道出口高度为 H，现分析其水力特点和计算方法。

取水箱内过流断面 1-1 和管道出口断面 2-2，列伯努利方程

$$H = \frac{\alpha_2 v_2^2}{2g} + h_f + h_m$$

因为对于长管 $(\alpha_2 v_2^2/2g + h_m) \ll h_f$，可以忽略不计，则

$$H = h_f \qquad\qquad (5-14)$$

上式表明，长管的全部作用水头都消耗于沿程水头损失，总水头线是连续下降的直线，并与测压管水头线重合。

（5－14）式中的沿程水头损失又可写成

$$h_f = \lambda\frac{l}{d}\frac{v^2}{2g} = \frac{8\lambda}{g\pi^2 d^5}lQ^2$$

令 $\dfrac{8\lambda}{g\pi^2 d^5} = S_0$，$S_0$ 称为比阻，单位 s^2/m^6；令 $S_0 l = S$，S 称为阻抗，单位 s^2/m^5。

（5－14）式可写为

$$H = h_f = S_0 l Q^2 = SQ^2 \qquad\qquad (5-15)$$

或
$$H = h_f = SQ^2 \qquad\qquad (5-16)$$

式（5－15）是简单管道按比阻计算的基本公式。下面引用土木工程中通用的一种计算 λ 的公式为 $\lambda = \dfrac{12.693gn^2}{d^{1/3}}$ 代入式（5－15）编制出水管通用比阻计算表，见表5－3。表中粗糙系数 n，对铸铁管 $n = 0.013$，对混凝土管和钢筋混凝土管 $n = 0.013 \sim 0.014$。式（5－15）及表5－3，理论上适用于紊流粗糙区。

表 5 – 3　水管通用比阻计算表

水管直径	比阻 S_0 值（s^2/m^6）			水管直径	比 阻 S_0 值（s^2/m^6）		
（mm）	$n = 0.012$	$n = 0.013$	$n = 0.014$	（mm）	$n = 0.012$	$n = 0.013$	$n = 0.014$
75	1480	1740	2010	450	0.105	0.123	0.143
100	319	375	434	500	0.0598	0.0702	0.0815
150	36.7	43.0	49.9	600	0.0226	0.0265	0.0307
200	7.92	9.30	10.8	700	0.00993	0.0117	0.0135
250	2.41	2.83	3.28	800	0.00487	0.00573	0.00663
300	0.911	1.07	1.24	900	0.00260	0.00305	0.00354
350	0.401	0.471	0.545	1000	0.00148	0.00174	0.00201
400	0.196	0.230	0.267				

【例 5 – 3】　从水塔向车间供水（图 5 – 9），采用铸铁管，管长 2500m，管径 350mm，水塔地面标高 $\nabla_1 = 61m$，水塔水面距地面的高度 H_1 为 18m，车间地面标高 $\nabla_2 = 45m$，供水点需要的自由水头 $H_2 = 25m$，求供水流量。

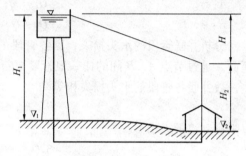

图 5 – 9　长管计算

【解】　由式（5 – 15）$H = S_0 l Q^2$

作用水头

$H = (\nabla_1 + H_1) - (\nabla_2 + H_2) = 9\,m$，

查表 5 – 3，350mm 铸铁管（$n = 0.013$），$S_0 = 0.471 s^2/m^6$，代入上式，得

$$Q = \sqrt{\frac{H}{S_0 l}} = \sqrt{\frac{9}{0.471 \times 2500}} = 0.087\ m^3/s$$

2. 串联管道

由直径不同的管段顺序连接起来的管道，称为串联管道（pipe in series）（图 5 – 10）。串联管道常用于沿程向多处输水。

设串联管道（图 5 – 10）各管段的长度分别为 l_1，l_2，…，直径为 d_1，d_2，…，通过流量为 Q_1，Q_2，…，节点分出流量为 q_1，q_2，…。

串联管道中两管段的连接点称为节点，流向节点的流量等于流出节点的流量，满足节点流量平衡，即

$$Q_1 = q_1 + Q_2$$
$$Q_2 = q_2 + Q_3$$

串联管道的总水头损失等于各管段水头损失之和，当节点无流量分出，通过各管段的流量相等，也就是说 $Q_1 = Q_2 = Q_3 = \cdots = Q$，则

$$H = Q^2 \sum S_{0i} l_i \tag{5 – 17}$$

串联管道的水头线是一折线，这是因为各管段的水力坡度不等。

3. 并联管道

在两节点之间，并联两根以上管段的管道称为并联管道（pipe in parallel）（图 5 – 11），节点 A、B 之间就是三根并联的管道。并联管道能提高输送流体的可靠性。

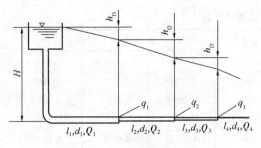

图 5 - 10　串联管道

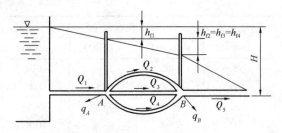

图 5 - 11　并联管道

设并联节点 A，B 间各管段分配流量为 Q_2，Q_3，Q_4（待求），节点分出流量为 q_A，q_B，由节点流量平衡条件

A：$$Q_1 = q_A + Q_2 + Q_3 + Q_4$$

B：$$Q_2 + Q_3 + Q_4 = q_B + Q_5$$

分析并联管段的水头损失，因各管段的首端 A 和末端 B 是共同的，则单位重量流体由断面 A 通过节点 A，B 间的任一根管段至断面 B 的水头损失，均等于 A、B 两断面的总水头差，故并联各管段的水头损失相等。

$$H_{f2} = H_{f3} = H_{f4} \tag{5-18}$$

以阻抗和流量表示

$$S_2 Q_2{}^2 = S_3 Q_3{}^2 = S_4 Q_4{}^2 \tag{5-19}$$

由式（5-19）得出并联管段的流量之间的关系，将其代入节点流量平衡关系式，就可以得出并联管段分配的流量。

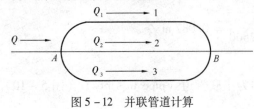

图 5 - 12　并联管道计算

【例 5 - 4】　并联输水管道（图 5 - 12），已知主干管流量 $Q = 0.07\text{m}^3/\text{s}$，并联管段均为铸铁管，直径 $d_1 = d_3 = 100\text{mm}$，$d_2 = 150\text{mm}$，管长 $l_1 = l_3 = 200\text{m}$，$l_2 = 150\text{m}$，试求各并联管段的流量及 AB 间的水头损失。

【解】　各并联管段的比阻，由表 5 - 3 查得

$$S_{01} = S_{03} = 375\text{s}^2/\text{m}^6, \quad S_{02} = 43.0\text{s}^2/\text{m}^6$$

阻抗　　　$$S_1 = S_3 = S_0 l_1 = 75000\text{s}^2/\text{m}^5; \quad S_2 = S_0 l_2 = 6450\text{s}^2/\text{m}^5$$

由式（5-19）　　　$$S_1 Q_1{}^2 = S_2 Q_2{}^2 = S_3 Q_3{}^2$$

得　　　$$Q_2 = \sqrt{\frac{S_1}{S_2}} Q_1 = 3.41 Q_1; \quad Q_3 = Q_1$$

节点流量平衡　　　$$Q = Q_1 + Q_2 + Q_3 = 5.41 Q_1$$

得　　　$$Q_1 = Q_3 = Q/5.41 = 0.07/5.41 = 0.013\text{m}^3/\text{s}$$

$$Q_2 = 3.41 Q_1 = 0.044\text{m}^3/\text{s}$$

A、B 间的水头损失　　　$$H_{fAB} = S_1 Q_1{}^2 = S_2 Q_2{}^2 = S_3 Q_3{}^2 = 12.6\text{m}$$

本章习题

选择题（单选题）

5.1　比较在正常工作条件下，作用水头 H，直径 d 相等时，小孔口的流量 Q 和圆柱形外管嘴的流量 Q_n：（a）$Q > Q_n$；（b）$Q < Q_n$；（c）$Q = Q_n$；（d）不定。

5.2　圆柱形外管嘴的正常工作条件是：（a）$l = (3 \sim 4)d$，$H_0 < 9\mathrm{m}$；（b）$l = (3 \sim 4)d$，$H_0 > 9\mathrm{m}$；（c）$l > (3 \sim 4)d$，$H_0 > 9\mathrm{m}$；（d）$l < (3 \sim 4)d$，$H_0 < 9\mathrm{m}$。

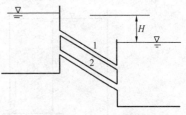

5.3　如图 5–13 所示，两根完全相同的长管道，只是安装高度不同，两管的流量关系为：（a）$Q_1 < Q_2$；（b）$Q_1 > Q_2$；（c）$Q_1 = Q_2$；（d）不定。

图 5–13　题 5.3 图

5.4　并联管道 1、2（图 5–14），两管的直径相同，沿程阻力系数相同，长度 $l_2 = 3l_1$，通过的流量为：（a）$Q_1 = Q_2$；（b）$Q_1 = 1.5Q_2$；（c）$Q_1 = \sqrt{3}\,Q_2$；（d）$Q_1 = 3Q_2$。

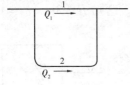

图 5–14　题 5.4 图

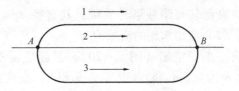

图 5–15　题 5.5 图

5.5　如图 5–15 所示，并联管段 1、2、3，AB 之间的水头损失是：（a）$h_{fAB} = h_{f1} + h_{f2} + h_{f3}$；（b）$h_{fAB} = h_{f1} + h_{f2}$；（c）$h_{fAB} = h_{f2} + h_{f3}$；（d）$h_{fAB} = h_{f1} = h_{f2} = h_{f3}$。

5.6　长管并联，各并联管段的：（a）水头损失相等；（b）水力坡度相等；（c）比阻相等；（d）通过的流量相等。

5.7　如图 5–16 所示，并联管道阀门 K 全开时各段流量为 Q_1、Q_2、Q_3，现关小阀门 K，其他条件不变，流量的变化为：

（a）Q_1 增加，Q_2 增加，Q_3 减小；　　（b）Q_1 减小，Q_2 不变，Q_3 减小；

（c）Q_1 减小，Q_2 增加，Q_3 减小；　　（d）Q_1 不变，Q_2 增加，Q_3 减小。

5.8　有一泵循环管道（图 5–17），各支管阀门全开时，支管流量分别为 Q_1、Q_2，若将阀门 A 开度关小，其他条件不变，流量的变化为：

（a）Q 减小，Q_1 减小，Q_2 减小；　　（b）Q 减小，Q_1 减小，Q_2 增大；

（c）Q 不变，Q_1 减小，Q_2 减小；　　（d）Q 不变，Q_1 减小，Q_2 增大。

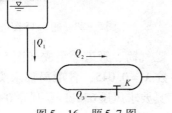

图 5–16　题 5.7 图

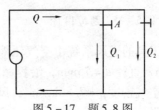

图 5–17　题 5.8 图

计算题

5.9　有一薄壁圆形孔口，直径 d 为 10mm，水头 H 为 2m。现测得射流收缩断面的直径 d_c 为 8mm，在 32.8s 时间内，经孔口流出的水量为 0.01m³，试求该孔口的收缩系数 ε，流量系数 μ，流速系数 φ 及孔口局部损失系数 ζ。

5.10　薄壁孔口出流（图 5-18），直径 $d=2$cm，水箱水位恒定 $H=2$m，试求：（1）孔口流量 Q；（2）此孔口外接圆柱形孔嘴的流量 Q_n；（3）管嘴收缩断面的真空高度。

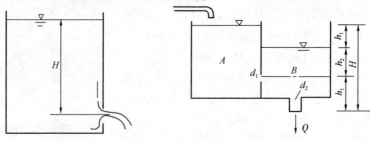

图 5-18　题 5.10 图　　　　　图 5-19　题 5.11 图

5.11　如图 5-19 所示，水箱用隔板分为 A、B 两室，隔板上开一孔口，其直径 $d_1=$ 4cm，在 B 室底部装有圆柱形外管嘴，其直径 $d_2=3$cm。已知 $H=3$m，$h_3=0.5$m，试求：（1）h_1，h_2；（2）流出水箱的流量 Q。

5.12　有一平底空船（图 5-20），其船底面积 Ω 为 8m²，船舷高 h 为 0.5m，船自重 G 为 9.8kN。现船底破一直径 10cm 的圆孔，水自圆孔漏入船中，试问经过多少时间后船将沉没。

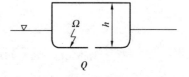

图 5-20　题 5.12 图

5.13　游泳池长 25m，宽 10m，水深 1.5m，池底设有直径 10cm 的放水孔直通排水地沟，试求放净池水所需的时间。

5.14　如图 5-21 所示，油槽车的油槽长度为 l，直径为 D，油槽底部设有卸油孔，孔口面积为 A，流量系数为 μ，试求该车充满油后所需卸空时间。

5.15　虹吸管将 A 池中的水输入 B 池（图 5-22）。已知长度 $l_1=3$m，$l_2=5$m，直径 $d=$ 75mm，两池水面高差 $H=2$m，最大超高 $h=1.8$m，沿程摩阻系数 $\lambda=0.02$，局部损失系数：进口 $\zeta_a=0.5$，转弯 $\zeta_b=0.2$，出口 $\zeta_c=1$，试求流量及管道最大超高断面的真空度。

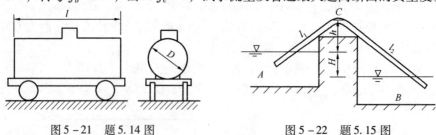

图 5-21　题 5.14 图　　　　　图 5-22　题 5.15 图

5.16　风动工具的送风系统由空气压缩机、贮气筒、管道等组成（图 5-23）。已知管道总长 $l=100$mm，直径 $d=75$mm，沿程摩阻系数 $\lambda=0.045$，各项局部水头损失系数之和 $\Sigma\zeta=4.4$，压缩空气密度 $\rho=7.86$kg/m³，风动工具要求风压 650kPa，风量 0.088m³/s，试求贮气筒的工作压强。

5.17　如图 5-24 所示，水从密闭容器 A，沿直径 $d=25\text{mm}$，长 $l=10\text{m}$ 的管道流入容器 B，已知容器 A 水面的相对压强 $p_1=2\text{at}$，水面高 $H_1=1\text{m}$，$H_2=5\text{m}$，沿程摩阻系数 $\lambda=0.025$，局部损失系数：阀门 $\zeta_v=4.0$，弯头 $\zeta_b=0.3$，试求流量。

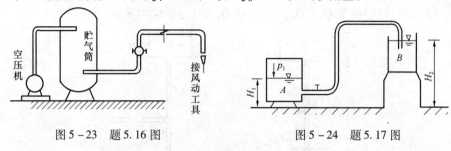

图 5-23　题 5.16 图　　　　　　　图 5-24　题 5.17 图

5.18　水车由一直径 $d=150\text{mm}$，长 $l=80\text{m}$ 的管道供水（图 5-25），该管道中共有两个闸阀和 4 个 90°弯头（$\lambda=0.03$，闸阀全开 $\zeta_a=0.12$，弯头 $\zeta_b=0.48$）。已知水车的有效容积 V 为 25m^3，水塔具有水头 $H=18\text{m}$，试求水车充满水所需的最短时间。

5.19　自封闭容器经两段串联管道输水（图 5-26），已知压力表读值 $p_M=1\text{at}$，水头 $H=2\text{m}$，管长 $l_1=10\text{m}$，$l_2=20\text{m}$，直径 $d_1=100\text{mm}$，$d_2=200\text{mm}$，沿程摩阻系数 $\lambda_1=\lambda_2=0.03$，试求流量并绘总水头线和测压管水头线。

5.20　工厂供水系统（图 5-27），由水塔向 A，B，C 三处供水，管道均为铸铁管，已知流量 $Q_c=10\text{L/s}$，$q_B=5\text{L/s}$，$q_A=10\text{L/s}$，各段管长 $l_1=350\text{m}$，$l_2=450\text{m}$，$l_3=100\text{m}$，各段直径 $d_1=200\text{mm}$，$d_2=150\text{mm}$，$d_3=100\text{mm}$，整个场地水平，试求所需水头。

5.21　如图 5-28 所示，在长为 $2l$，直径为 d 的管道上，并联一根直径相同，长为 l 的支管（图中虚线），若水头 H 不变，不计局部损失，试求并联支管前后的流量比。

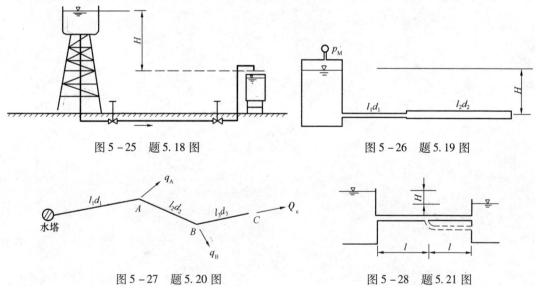

图 5-25　题 5.18 图　　　　　　　图 5-26　题 5.19 图

图 5-27　题 5.20 图　　　　　　　图 5-28　题 5.21 图

5.22　水从密闭水箱沿垂直管道送入高位水池中（图 5-29），已知管道直径 $d=25\text{mm}$，管长 $l=3\text{m}$，水深 $h=0.5\text{m}$，流量 $Q=1.5\text{L/s}$，沿程摩阻系数 $\lambda=0.033$，局部损失系数：阀门 $\zeta_a=9.3$，入口 $\zeta_e=1$，试求密闭容器上压力表读值 p_M，并绘总水头线和测压管水头线。

5.23 水箱中的水由立管及水平支管流入大气（图 5 – 30）。已知水箱水深 $H = 1\mathrm{m}$，各管段长 $l = 5\mathrm{m}$，直径 $d = 25\mathrm{mm}$，沿程摩阻系数 $\lambda = 0.0237$，除阀门阻力（局部水头损失系数 ζ）外，其他局部阻力不计，试求：（1）阀门关闭时，立管和水平支管的流量 Q_1、Q_2；（2）阀门全开（$\zeta = 0$）时，流量 Q_1、Q_2；（3）使 $Q_1 = Q_2$，ζ 应为多少？

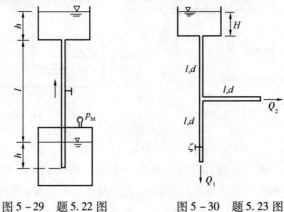

图 5 – 29　题 5.22 图　　　　图 5 – 30　题 5.23 图

第6章　明渠恒定均匀流

教学要求：理解明渠恒定均匀流的形成条件、特征；掌握简单明渠均匀流和无压圆管均匀流的水力计算方法。

明渠流动（open channel flow）是水流的部分周界与大气接触，具有自由表面的流动。由于自由表面受大气压的作用，相对压强为零，所以又称为无压流（free surface flow）。水在渠道、无压管道以及江河中的流动都是明渠流动（图6-1）。

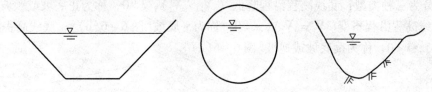

图6-1　明渠流动

同有压管流相比较，明渠流动有以下特点。

（1）明渠流动具有自由表面，沿程各断面的表面压强都是大气压，重力对流动起主导作用。

（2）明渠底坡的改变对流速和水深有直接影响（图6-2）。底坡 $i_1 \neq i_2$，则流速 $v_1 \neq v_2$，水深 $h_1 \neq h_2$。而有压管流，只要管道的形状、尺寸一定，管线坡度变化，对流速和过流断面面积无影响。

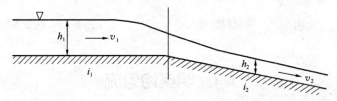

图6-2　底坡影响

（3）明渠局部边界的变化，如设置控制设备、渠道形状和尺寸的变化、改变底坡等，都会造成水深在很长的流程上发生变化，因此，明渠流动存在均匀流和非均匀流（图6-3）。而在有压管流中，局部边界变化影响的范围很短，只需计入局部水头损失，仍按均匀流计算（图6-4）。

综上所述，重力作用、底坡影响、水深可变是明渠流动的特点。

现介绍明渠底坡的概念。

如图6-5所示，明渠渠底与纵剖面的交线称为底线。底线沿流程单位长度的降低值称为底坡（bottom slope），又称为渠底坡度，以符号 i 表示

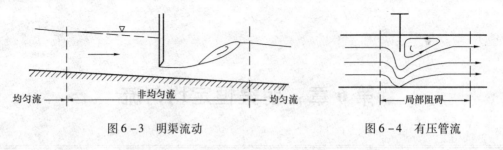

图 6 - 3 明渠流动 　　　　　　　　　　　　图 6 - 4 有压管流

$$i = \frac{\nabla_1 - \nabla_2}{l} = \sin\theta \tag{6-1}$$

通常渠道底坡 i 很小，为便于量测和计算，以水平距离 l_x 代替流程长度 l，同时以铅垂断面作为过流断面，以铅垂深度 h 作为过流断面的水深。于是

$$i = \frac{\nabla_1 - \nabla_2}{l_x} = \tan\theta \tag{6-2}$$

底坡分为三种类型：底线高程沿程降低（ $\nabla_1 > \nabla_2$ ）， $i > 0$ ，称为正底坡或顺坡[图 6 - 6 (a)]；底线高程沿程不变（ $\nabla_1 = \nabla_2$ ）， $i = 0$ ，称为平底坡[图 6 - 6(b)]；底线高程沿程抬高（ $\nabla_1 < \nabla_2$ ）， $i < 0$ ，称为反底坡或逆坡[图 6 - 6(c)]。

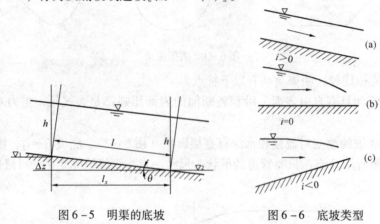

图 6 - 5 明渠的底坡 　　　　　　　　　　　图 6 - 6 底坡类型

6.1 明渠均匀流

明渠均匀流是流线为平行直线的明渠水流，也就是具有自由表面的等深、等速流（图 6 - 7）。明渠均匀流是明渠流动最简单的形式。

6.1.1 明渠均匀流形成的条件及特征

在明渠中实现等深、等速流动是有条件的。为了说明明渠均匀流形成的条件，在均匀流中（图 6 - 7）取过流断面 1 - 1、2 - 2，列伯努利方程

$$(h_1 + \Delta z) + \frac{p_1}{\rho g} + \frac{\alpha_1 v_1^2}{2g} = h_2 + \frac{p_2}{\rho g} + \frac{\alpha_2 v_2^2}{2g} + h_w$$

明渠均匀流：

$$p_1 = p_2 = 0, \quad h_1 = h_2 = h_0,$$

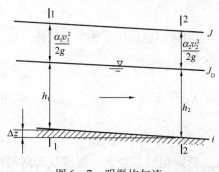

图 6-7 明渠均匀流

$$v_1 = v_2, \ \alpha_1 = \alpha_2, \ h_w = h_f$$

伯努利方程式化为

$$\Delta z = h_f$$

除以流程，得 $\qquad i = J$

上式表明，明渠均匀流的条件是水流沿程减少的位能，等于沿程水头损失，而水流的动能保持不变。按这个条件，明渠均匀流只能出现在底坡不变、断面形状尺寸、粗糙系数都不变的顺坡（$i>0$）长直渠道中。在平坡、逆坡渠道，非棱柱形渠道以及天然河道中，都不能形成明渠均匀流。

人工渠道一般都尽量使渠线顺直，并在长距离上保持断面形状、尺寸，壁面粗糙不变，这样的渠道基本上符合均匀流形成的条件，可按明渠均匀流计算。

因为明渠均匀流是等深流，水面线即测压管水头线且与渠底线平行，坡度相等

$$J_P = i$$

明渠均匀流又是等速流，总水头线与测压管水头线平行，坡度相等

$$J = J_P$$

由以上分析得出明渠均匀流的特征是各项坡度相等

$$J = J_p = i \qquad\qquad (6-3)$$

6.1.2 过流断面的几何要素

明渠断面以梯形最具代表性（图6-8），其几何要素包括基本量：

b——底宽；

h——水深，均匀流的水深沿程不变，称为正常水深，习惯上以 h_0 表示；

m——边坡系数，是表示边坡倾斜程度的系数。

$$m = a/h = \cot\alpha \qquad (6-4)$$

边坡系数的大小（见表6-1），决定于渠壁土体或护面的性质。

一些导出量：

水面宽 $\qquad B = b + 2mh$

过流断面积 $\qquad A = (b + mh)h$

湿周 $\qquad x = b + 2h(1 + m^2)^{1/2}$

水力半径 $\qquad R = A/x$

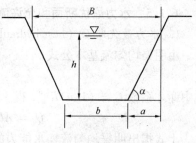

图 6-8 梯形断面

表 6-1 梯形明渠边坡

土的种类	边坡系数 m	土的种类	边坡系数 m
细粒砂土	3.0~3.5	重壤土，密实黄土，普通粘土	1.0~1.5
砂壤土或松散土壤	2.0~2.5		
密实砂壤土，轻粘壤土	1.5~2.0	密实重粘土	1.0
砾石、砂砾石土	1.5	各种不同硬度的岩石	0.5~1.0

6.1.3 明渠均匀流的基本公式

均匀流动水头损失的计算公式——谢才公式（Chézy formula）：

$$v = C(RJ)^{1/2}$$

这一公式是均匀流的通用公式,既适用于有压管道均匀流,也适用于明渠均匀流。由于明渠均匀流中,水力坡度 J 与渠道底坡 i 相等, $J = i$,故有:

$$v = C(Ri)^{1/2} \qquad\qquad (6-5)$$

流量 $\qquad\qquad Q = Av = AC(Ri)^{1/2} = Ki^{1/2} \qquad (6-6)$

式中 K ——流量模数, $K = ACR^{1/2}$;

$\qquad$ C ——谢才系数,按曼宁公式(Manning formula)计算, $C = (1/n)R^{1/6}$;

$\qquad$ n ——粗糙系数(coefficient of roughness),查人工管渠粗糙系数表、渠道及天然河床的粗糙系数表可得。

式(6-5)、式(6-6)是明渠均匀流的基本公式。

6.1.4 明渠均匀流的水力计算

明渠均匀流的水力计算,可分为三类基本问题,以梯形断面渠道为例分述如下。

(1)验算渠道的输水能力

因为渠道已经建成,过流断面的形状、尺寸(b 、 h 、 m),渠道的壁面材料 n 及底坡 i 都已知,只需算出 A 、 R 、 C 值,代入明渠均匀流基本公式,便可算出通过的流量。

(2)决定渠道底坡

此时过流断面的形状、尺寸(b 、 h 、 m),渠道的壁面材料 n 以及输水流量 Q 都已知,只需算出流量模数 $K = ACR^{1/2}$,代入明渠均匀流基本公式,便可决定渠道底坡。

$$i = Q^2/K^2$$

(3)设计渠道断面

设计渠道断面是在已知通过流量 Q ,渠道底坡 i ,边坡系数 m 及粗糙系数 n 的条件下,决定底宽 b 和水深 h 。而用一个基本公式计算 b 、 h 两个未知量,将有多组解答,为得到确定解,需要另外补充条件。

6.1.5 水力最优断面和允许流速

1. 水力最优断面(best hydraulic cross section)

由明渠均匀流基本公式

$$Q = AC(Ri)^{1/2}$$

式中谢才系数 $C = (1/n)R^{1/6}$,得

$$Q = AR^{2/3}i^{1/2}/n = i^{1/2}A^{5/3}/(nx^{2/3})$$

上式指出明渠均匀流输水能力的影响因素,其中底坡 i 随地形条件而定,粗糙系数 n 决定于壁面材料,在这种情况下输水能力 Q 只决定于过流断面的大小和形状,或者使水力半径 R 最大,即湿周 x 最小的断面形状定义为水力最优断面。

在土中开挖的渠道一般为梯形断面,边坡系数 m 决定于土体稳定和施工条件,于是渠道断面的形状只由宽深比 b/h 决定。下面讨论梯形渠道边坡系数 m 一定时的水力最优断面。

由梯形渠道断面的几何关系

$$A = (b + mh)h$$
$$x = b + 2h(1 + m^2)^{1/2}$$

从中解得 $b = A/h - mh$,代入湿周的关系式中 $x = A/h - mh + 2h(1 + m^2)^{1/2}$,水力最优断面是面积 A 一定时,湿周 x 的最小断面,对上式求 $x = f(h)$ 的极小值,令

$$\frac{\mathrm{d}x}{\mathrm{d}h} = -\frac{A}{h^2} - m + 2\sqrt{1+m^2} = 0 \qquad (6-7)$$

其二阶导数 $\qquad\qquad\qquad \dfrac{\mathrm{d}^2 x}{\mathrm{d}h^2} = 2\dfrac{A}{h^3} > 0$

故有 x_{min} 存在。以 $A = (b + mh)h$ 代入式（6-7）求解，得到水力最优梯形断面的宽深比

$$\beta_h = \left(\frac{b}{h}\right)_h = 2(\sqrt{1+m^2} - m) \qquad (6-8)$$

上式中取边坡系数 m = 0，便得到水力最优矩形断面的宽深比 $\beta_h = 2$，则水力最优矩形断面的底宽为水深的两倍，即 $b = 2h$。

梯形断面的水力半径

$$R = \frac{A}{x} = \frac{(b+mh)h}{b + 2h\sqrt{1+m^2}}$$

将水力最优条件 $b = 2[(1+m^2)^{1/2} - m]h$ 代入上式，得到

$$R_h = h/2 \qquad (6-9)$$

上式证明，在任何边坡系数 m 的情况下，水力最优梯形断面的水力半径 R_h 为水深 h 的一半。

以上有关水力最优断面的概念，只是按渠道边壁对流动的影响最小提出的，所以"水力最优"不同于"技术经济最优"。对于工程造价基本上由土方及衬砌量决定的小型渠道，水力最优断面接近于技术经济最优断面。大型渠道需由工程量、施工技术、运行管理等各方面因素综合比较，才能定出经济合理的断面。

2. 渠道的允许流速（permissible velocity）

为确保渠道能长期稳定地通水，设计流速应控制在不冲刷渠床，也不使水中悬浮的泥砂沉降淤积的不冲不淤的范围之内，即

$$[v]_{max} > v > [v]_{min} \qquad (6-10)$$

式中　　$[v]_{max}$——渠道不被冲刷的最大允许流速，即不冲允许流速；

$\quad\quad\quad [v]_{min}$——渠道不被淤积的最小允许流速，即不淤允许流速。

渠道的最大允许流速 $[v]_{max}$ 的大小决定于土质情况、衬砌材料，以及通过流量等因素，排水渠道的最大允许流速见表6-2。最小允许流速 $[v]_{min}$，为防止水中悬浮的泥砂淤积，防止水草滋生，分别为 0.4m/s、0.6m/s。

表 6-2　明渠最大允许流速

土质或衬砌材料	最大允许流速（m/s）	土质或衬砌材料	最大允许流速（m/s）
粗砂及砂质粘土	0.80	草皮护面	1.60
砂质粘土	1.00	干砌块石	2.00
粘土	1.20	浆砌块石或浆砌砖	3.00
石灰岩及中砂岩	4.00	混凝土	4.00

注：1. 上表适用于明渠水深 $h = 0.4 \sim 1.0$m 范围内。

2. 如 h 在 0.4~1.0m 范围以外时，表列流速应乘以下列系数：

$h < 0.4$m，系数 0.85；$h > 1$m，系数 1.25；$h \geq 2$m，系数 1.40。

【例6-1】 有一梯形渠道，在土层中开挖，边坡系数 $m = 1.5$，底坡 $i = 0.0005$，粗糙系数 $n = 0.025$，设计流量 $Q = 1.5 \text{m}^3/\text{s}$。按水力最优条件设计渠道断面尺寸。

【解】 水力最优宽深比 $\dfrac{b}{h} = 2(\sqrt{1 + m^2} - m) = 2(\sqrt{1 + 1.5^2} - 1.5) = 0.606$

则

$$b = 0.606h$$

$$A = (b + mh)h = (0.606h + 1.5h)h = 2.106h^2$$

水力最优断面的水力半径

$$R = 0.5h$$

将 A、R 代入基本公式 $\quad Q = AC\sqrt{Ri} = \dfrac{1}{n}AR^{2/3}i^{1/2} = 1.188h^{8/3}$

解得

$$h = (Q/1.188)^{3/8} = 1.09\text{m}$$

$$B = 0.606 \times 1.09 = 0.66\text{m}$$

6.2　无压圆管均匀流

无压圆管是指圆形断面不满流的长管道，主要用于排水管道中。因为排水流量时有变动，为避免在流量增大时管道承压，污水涌出排污管污染环境，以及为保持管道内通风，避免污水中溢出的有毒、可燃气体聚集，所以排水管道通常为非满管流，以一定的充满度流动。

6.2.1　无压圆管均匀流的特征

无压圆管均匀流只是明渠均匀流特定的断面形式，它的形成条件、水力特征以及基本公式都和前述明渠均匀流相同。

$$J = J_\text{p} = i$$

$$Q = AC(Ri)^{1/2}$$

6.2.2　过流断面的几何要素

无压圆管过流断面的几何要素，如图6-9所示。

基本量：

d——直径，m；

h——水深，m；

α——充满度，$\alpha = h/d$；

θ——充满角，水深 h 对应的圆心角，充满度与充满角

　　　关系 $\alpha = \sin^2(\theta/4)$。

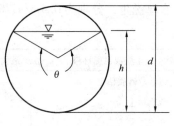

图6-9　无压圆管过流

导出量：

过流断面面积 $\qquad\qquad A = d^2(\theta - \sin\theta)/8$

湿周 $\qquad\qquad\qquad\quad x = (d/2)\theta$

水力半径 $\qquad\qquad\quad R = (d/4)(1 - \sin\theta/\theta)$

不同充满度的圆管过流断面的几何要素,见表 6-3。

表 6-3 圆管过流断面的几何要素

充满度 α	过流断面面积 A (m²)	水力半径 R (m)	充满度 α	过流断面面积 A (m²)	水力半径 R (m)
0.05	$0.0147d^2$	$0.0326d$	0.55	$0.4426d^2$	$0.2649d$
0.10	$0.0400d^2$	$0.0635d$	0.60	$0.4926d^2$	$0.2776d$
0.15	$0.0739d^2$	$0.0929d$	0.65	$0.5404d^2$	$0.2881d$
0.20	$0.1118d^2$	$0.1206d$	0.70	$0.5872d^2$	$0.2962d$
0.25	$0.1535d^2$	$0.1466d$	0.75	$0.6319d^2$	$0.3017d$
0.30	$0.1982d^2$	$0.1709d$	0.80	$0.6736d^2$	$0.3042d$
0.35	$0.2450d^2$	$0.1935d$	0.85	$0.7115d^2$	$0.3033d$
0.40	$0.2934d^2$	$0.2142d$	0.90	$0.7445d^2$	$0.2980d$
0.45	$0.3428d^2$	$0.2331d$	0.95	$0.7707d^2$	$0.2865d$
0.50	$0.3927d^2$	$0.2500d$	1.00	$0.7854d^2$	$0.2500d$

6.2.3 无压圆管的水力计算

无压圆管的水力计算也可以分为三类问题。

(1) 验算输水能力

因为管道已经建成,管道直径 d、管壁粗糙系数 n 及管线坡度 i 都已知,充满度 α 由室外排水设计规范确定。从而只需按已知 d、α,由表 6-3 查得 A、R,并算出 $C = (1/n)R^{1/6}$,代入基本公式可算出通过流量

$$Q = AC(Ri)^{1/2}$$

(2) 决定管道坡度

此时管道直径 d、充满度 α、管壁粗糙系数 n 及输水水量 Q 都已知。只需按已知 d、α,由表 6-3 查得 A、R,计算出 $C = (1/n)R^{1/6}$,以及流量模数 $K = ACR^{1/2}$,代入基本公式可决定管道坡度

$$i = Q^2/K^2$$

(3) 计算管道直径

这是流量 Q、管道坡度 i、管壁粗糙系数 n 都已知,充满度 α 按有关规范预先设定的条件下,求管道直径 d。按所设定的充满度 α,由表 6-3 查得 A、R 与直径 d 的关系,代入基本公式

$$Q = AC(Ri)^{1/2} = f(d)$$

可解出管道直径 d。

6.2.4 最大充满度、允许流速

在工程上进行无压管道的水力计算,还需符合有关的规范规定。对于污水管道,为避免因流量变动形成有压流,充满度不能过大。现行室外排水规范规定,污水管道最大充满度见表 6-4。

表6-4　最大设计充满度

管径（d）或暗渠高（H）（mm）	最大设计充满度（$\alpha = h/d$ 或 h/H）
150～300	0.60
350～450	0.70
500～900	0.75
≥1000	0.80

至于雨水管道和合流管道，允许短时承压，按满管流进行水力计算。

为防止管道发生冲刷和淤积，最大设计流速金属管为 10m/s，非金属管为 5m/s；最小设计流速（在设计充满度下）$d \leqslant 500$mm 取 0.7m/s；$d > 500$mm 取 0.8m/s。

此外，对最小管径和最小设计坡度均有规定。

【例6-2】　钢筋混凝土圆形污水管，管径 $d = 1000$mm，管壁粗糙系数 $n = 0.014$，管道坡度 $i = 0.002$。求最大设计充满度时的流速和流量。

【解】　由表6-4查得管径 $d = 1000$mm 的污水管最大设计充满度 $\alpha = h/d = 0.8$。再由表6-3查得 $\alpha = 0.8$ 时过流断面的几何要素为

$$A = 0.6736 \quad d^2 = 0.6736\text{m}^2 \quad R = 0.3402d = 0.3402\text{m}$$

谢才系数　　$C = (1/n)R^{1/6} = (1/0.014) \times 0.3042^{1/6} = 58.6\text{m}^{0.5}/\text{s}$

流速　　　　$v = C(Ri)^{1/2} = 58.6 \times (0.3042 \times 0.002)^{1/2} = 1.45\text{m/s}$

流量　　　　$Q = vA = 1.45 \times 0.6736 = 0.98\text{m}^3/\text{s}$

在实际工程中，还需验算流速 v 是否在允许流速范围内。本题为钢筋混凝土管，最大设计流速 $[v]_{\max} = 5$m/s，最小设计流速 $[v]_{\min} = 0.8$m/s，管道流速 v 在允许范围之内，$[v]_{\max} > v > [v]_{\min}$。

本章习题

选择题（单选题）

6.1　明渠自由表面上各点压强：（a）等于大气压强；（b）小于大气压强；（c）大于大气压强；（d）可能大于大气压强，也可能小于大气压强。

6.2　明渠均匀流只能出现在：（a）平坡棱柱形渠道；（b）顺坡棱柱形渠道；（c）逆坡棱柱形渠道；（d）天然河道中。

6.3　水力最优断面是：（a）造价最低的渠道断面；（b）壁面粗糙系数最小的断面；（c）过水断面积一定，湿周最小的断面；（d）过水断面积一定，水力半径最小的断面。

6.4　水力最优矩形渠道断面，宽深比 b/h 是：（a）0.5；（b）1.0；（c）2.0；（d）4.0。

6.5　水力最优矩形断面渠道，均匀流动时正常水深 $h_0 = 2.0$m，渠底宽度为：（a）2m；（b）4m；（c）6m；（d）8m。

6.6　水力最优梯形断面渠道，均匀流动时正常水深 $h_0 = 2.0$m，边坡系数 $m = 2$，渠底宽度约为：（a）2m；（b）3m；（c）4m；（d）5m。

6.7　水力最优断面渠道，均匀流动时正常水深 $h_0 = 2.0$m，渠道断面的水力半径为（a）2m；（b）1.5m；（c）1m；（d）0.5m。

6.8 为测定某梯形断面渠道的粗糙系数 n 值，$l = 100\text{m}$ 长直的均匀流段进行测量。两断面的水面高差 $\Delta z = 3\text{cm}$，则该渠道的底坡为：（a）0.0003；（b）0.0002；（c）0.03；（d）0.02。

6.9 接上题，已知渠道底宽 $b = 1.6\text{m}$，边坡系数 $m = 1.5$，正常水深 $h_0 = 1.0\text{m}$，流量 $Q = 1.5\text{m}^3/\text{s}$，则该渠道的 n 值为：（a）0.02；（b）0.0225；（c）0.025；（d）0.0275。

6.10 某梯形断面渠道，已知其底宽 $b = 5.0\text{m}$，设均匀流动时正常水深 $h_0 = 2.0\text{m}$，边坡系数 $m = 1.0$，粗糙系数 $n = 0.0225$，则渠道通过设计流量为 $15\text{m}^3/\text{s}$ 时底坡为：（a）0.0001；（b）0.0002；（c）0.0003；（d）0.0004。

计算题

6.11 明渠水流如图 6-10 所示，试求 1、2 断面间渠道底坡，水面坡度，水力坡度。

6.12 梯形断面土渠，底宽 $b = 3\text{m}$，边坡系数 $m = 2$，水深 $h = 1.2\text{m}$，底坡 $i = 0.0002$，渠道受到中等养护，试求通过流量。

6.13 修建混凝土砌面（较粗糙）的矩形渠道，要求通过流量 $Q = 9.7\text{m}^3/\text{s}$，底坡 $i = 0.001$，试按水力最优断面设计断面尺寸。

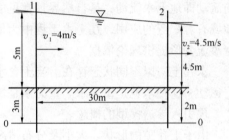

图 6-10 题 6.8 图

6.14 修建梯形断面渠道，要求通过流量 $Q = 1\text{m}^3/\text{s}$，边坡系数 $m = 1.0$，底坡 $i = 0.0022$，粗糙系数 $n = 0.03$，试按不冲允许流速 $[v]_{max} = 0.8\text{m}/\text{s}$，设计断面尺寸。

6.15 已知一钢筋混凝土圆形排水管道，污水流量 $Q = 0.2\text{m}^3/\text{s}$，底坡 $i = 0.005$，粗糙系数 $n = 0.014$，试确定此管道的直径。

6.16 钢筋混凝土圆形排水管，已知直径 $d = 1.0\text{m}$，粗糙系数 $n = 0.014$，底坡 $i = 0.002$，试校核此无压管道的过流量。

第7章 渗　流

教学要求：理解渗流的基本概念、基本定律及有关公式；掌握渗流在井流中的应用。

　　流体在孔隙介质中的流动称为渗流（flow in porous media, seepage flow）。水在土孔隙中的流动即地下水流动，是自然界最常见的渗流现象。渗流理论在水利、石油、采矿、化工等领域有着广泛的应用，在土木工程中为地下水源的开发、降低地下水位、防止建筑物地基发生渗流变形提供理论依据。

　　水在土中以不同状态存在。当土含水量很大时，大部分水是在重力的作用下，在土孔隙中运动，这种水就是重力水。重力水是渗流理论研究的对象。

　　现引入渗透模型的概念。

　　由于土孔隙的形状、大小及分布情况极其复杂，要详细地确定渗流在土孔隙通道中流动情况极其困难，也无必要。工程中所关心的是渗流的宏观平均效果，而不是孔隙内的流动细节，为此引入简化的渗流模型来代替实际的渗流。

　　渗流模型是渗流区域（流体和孔隙介质所占据的空间）的边界条件保持不变，略去全部土颗粒，认为渗流区连续充满流体，而流量与实际渗流相同，压强和渗流阻力也与实际渗流相同的替代流场。

　　按渗流模型的定义，渗流模型中某一过水断面 ΔA（其中包括土颗粒面积和孔隙面积）通过的实际流量为 ΔQ，则 ΔA 上的平均速度，简称为渗流速度（seepage velocity）。

$$u = \frac{\Delta Q}{\Delta A}$$

而水在孔隙中的实际平均速度

$$u' = \frac{\Delta Q}{\Delta A'} = \frac{u \Delta A}{\Delta A'} = \frac{1}{n} u > u$$

式中　$\Delta A'$——ΔA 中孔隙面积；

　　$n = \Delta A' / \Delta A$ 为土的孔隙度，$n < 1$。

　　可见，渗流速度小于土孔隙中的实际速度。

　　渗流模型将渗流作为连续空间内连续介质的运动，前面基于连续介质建立起来的描述流体运动的方法和概念，可直接应用于渗流中，使得在理论上研究渗流问题成为可能。

　　在渗流模型的基础上，渗流也可按欧拉法的概念进行分类。

　　根据各渗流空间点上的流动参数是否随时间变化，分为恒定渗流和非恒定渗流；根据流动参数与坐标的关系，分为一维、二维、三维渗流；根据流线是否平行直线，分为均匀渗流和非均匀渗流，而非均匀渗流又可分为渐变渗流和急变渗流。此外根据有无自由水面，可分为有压渗流和无压渗流。

7.1 渗流达西定律

流体在孔隙中流动时，必然要有能量损失。法国工程师达西（Darcy, H. 1803—1858）通过实验研究，总结出渗流水头损失与渗流速度之间的关系式，即达西定律（Darcy Low）。

7.1.1 达西定律

达西渗流实验装置（图 7-1）。该装置为上端开口的直立圆筒，筒壁上、下两断面装有测压管，圆筒下部距筒底不远处装有滤板 C。圆筒内充满均匀砂层，由滤板托住。水由上端注入圆筒，并以溢水管 B 使水位保持恒定。水渗流即可测量出测压管水头差，同时透过砂层的水经排水管流入计量容器 V 中，以便计算实际渗流量。

渗流的速度很小，流速水头 $\alpha v^2 / 2g$ 更小而忽略不计，则过流断面的总水头等于测压管水头

$$H = H_p = z + \frac{p}{\rho g}$$

或者说，渗流的测压管水头等于总水头，测压管水头差就是水头损失，测压管水头线的坡度就是水力坡度，$J_p = J$。

由于渗流不计流速水头，实测的测压管水头差即为两断面的水头损失

$$h_w = H_1 - H_2$$

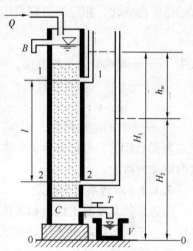

图 7-1 达西实验装置

水力坡度

$$J = \frac{h_w}{l} = \frac{H_1 - H_2}{l}$$

达西从实验得出，圆筒内的渗流量 Q 与过流断面积（圆筒面积）A 及水力坡度 J 成正比，并和土的透水性能有关，基本关系式为

$$Q = kAJ \tag{7-1}$$

或

$$v = \frac{Q}{A} = kJ \tag{7-2}$$

式中 v——渗流断面平均流速，称渗流速度，m/s；

      k——反映土性质和流体性质综合影响渗流的系数，具有速度的量纲，称为渗透系数（coefficient of permeability）。

达西实验是在等直径圆筒内均质砂土中进行的，属于均匀渗流，可以认为各点的流动状况相同，各点的速度等于断面平均流速，式（7-2）可写为

$$u = kJ \tag{7-3}$$

式（7-3）称为达西定律，该定律表明渗流的水力坡度，即单位距离上的水头损失与渗流速度的一次方成比例，因此也称为渗流线性定律。

达西定律推广到非均匀、非恒定渗流中，其表达式为

$$u = kJ = -k \frac{dH}{ds} \tag{7-4}$$

式中　u——点流速，m/s；

　　　J——该点的水力坡度，m/m。

7.1.2　达西定律的适用范围

达西定律是渗流线性定律，后来范围更广的实验指出，随着渗流速度的加大，水头损失将与流速的 1 ~2 次方成比例。当流速大到一定数值后，水头损失和流速的 2 次方成正比，可见达西定律有一定的适用范围。

关于达西定律的使用范围，可用雷诺数进行判别。因为土孔隙的大小、形状和分布在很大的范围内变化，相应的判别雷诺数为

$$Re = \frac{vd}{\nu} \leqslant 1 \sim 10 \tag{7-5}$$

式中　v——渗流断面平均流速，m/s；

　　　d——土颗粒的有效直径，一般用 d_{10}，即筛分时占 10% 重量的土粒所通过的筛孔直径，m；

　　　ν——水的运动粘度，m^2/s。

为安全起见，可把 $Re = 1.0$ 作为线性定律适用的上限。本章所讨论的内容，仅限于符合达西定律的渗流。

7.1.3　渗透系数的确定

渗透系数是反映土性质和流体性质综合影响渗流的系数，是分析计算渗流问题最重要的参数。由于该系数取决于土颗粒大小、形状、分布情况及地下水的物理化学性质等多种因素，要准确地确定其数值相当困难。确定渗透系数的方法大致分为三类。

1. 实验室测定法

利用类似图 7-1 所示的渗流实验设备，实测水头损失 h_w 和流量 Q，按式（7-1）求得渗透系数

$$k = \frac{Ql}{Ah_w}$$

该法简单可靠，但往往因实验用土样受到扰动和实地原状土有一定差别。

2. 现场测定法

在现场钻井或挖试坑，作抽水或注水实验，再根据相应的理论公式，反算渗透系数。

3. 经验方法

有关手册或规范资料中给出各种土的渗透系数值或计算公式大都是经验性的，有其局限性，可作为初步估算用。现将各类土的渗透系数列于表 7-1。

表 7-1　黄淮平原地区渗透系数经验数值

岩　性	渗透系数 k（10^{-5}m/s）	岩　性	渗透系数 k（10^{-7}m/s）
砂卵石	92.59	粉细砂	578.70 ~ 925.93
砂砾石	52.08 ~ 57.87	粉砂	231.48 ~ 347.22
粗砂	23.15 ~ 34.72	砂质粉土	23.15
中粗砂	25.46	砂质粉土 - 砂质粘土	11.57
中砂	23.15	粉质粘土	2.31
中细沙	19.68	粘土	0.12
细砂	6.94 ~ 9.26		

注：本表资料引自中国建筑工业出版社出版的《工程地质手册》（第四版），2007 年。

7.2　井和集水廊道

7.2.1　井

井是汲取地下水源和降低地下水位的集水构筑物，应用十分广泛。

在具有自由水面的潜水层中凿的井，称为普通井或潜水井，其中贯穿整个含水层，井底直达不透水层的称为完整井，井底未达到不透水层的称为不完整井。

含水层位于两个不透水层之间，含水层顶面压强大于大气压强，这样的含水层称为承压含水层。汲取承压地下水的井，称为承压井或自流井。

下面讨论普通完整井和自流井的渗流计算。

1. 普通完整井

水平不透水层上的普通完整井（图 7-2）。管井的直径 50～1000mm，井深可达 1000m 以上。

设含水层中地下水的天然水面 A-A，含水层厚度为 H，井的半径为 r_0。从井内抽水时，井内水位下降，四周地下水向井中补给，并形成对称于井轴的漏斗形浸润面。如抽水流量不过大且恒定时，经过一段时间，向井内渗流达到恒定状态。井中水深和浸润漏斗面均保持不变。

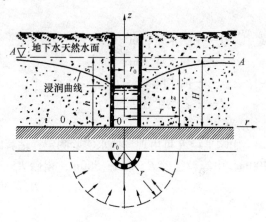

图 7-2　普通完整井

取距井轴为 r，浸润面高为 z 的圆柱形过水断面，除井周附近区域外，浸润曲线的曲率很小，可看作是恒定渐变渗流。

由公式
$$v = kJ = -k\frac{\mathrm{d}H}{\mathrm{d}s}$$

将 $H = z, \mathrm{d}s = -\mathrm{d}r$ 代入上式得
$$v = k\frac{\mathrm{d}z}{\mathrm{d}r}$$

渗流量
$$Q = Av = 2\pi r z k \frac{\mathrm{d}z}{\mathrm{d}r}$$

分离变量并积分
$$\int_h^z z\mathrm{d}z = \int_{r_0}^r \frac{Q}{2\pi k}\frac{\mathrm{d}r}{r}$$

得到普通完整井浸润线方程

$$z^2 - h^2 = \frac{Q}{\pi k}\ln\frac{r}{r_0} \qquad\qquad (7-6)$$

或

$$z^2 - h^2 = \frac{0.732Q}{k}\lg\frac{r}{r_0} \qquad\qquad (7-7)$$

从理论上讲，浸润线是以地下水天然水面线为渐近线，当 $r\to\infty$，$z = H$。但从工程实用观点来看，认为渗流区存在影响半径 R，R 以外的地下水位不受影响，即 $r = R$，$z = H$。代入式（7-7）得

$$Q = 1.366 \frac{k(H^2 - h^2)}{\lg \frac{R}{r_0}} \tag{7-8}$$

以抽水降深 s 代替井水深 h，$s = H - h$，代入式（7-8）整理得

$$Q = 2.732 \frac{kHs}{\lg \frac{R}{r_0}} \left(1 - \frac{s}{2H}\right)$$

当 $s/2H \ll 1$，上式可简化为

$$Q = 2.732 \frac{kHs}{\lg \frac{R}{r_0}} \tag{7-9}$$

式中　Q——产水量，m^3/s；

$\quad\quad h$——井水深，m；

$\quad\quad s$——抽水降深，m；

$\quad\quad R$——影响半径，m；

$\quad\quad r_0$——井半径，m。

影响半径 R 可由现场抽水实验测定，估算时，可根据经验数据选取，对于细砂 $R = 100 \sim 200m$，中等粒径砂 $R = 250 \sim 500m$，粗砂 $R = 700 \sim 1000m$。或用以下经验公式计算

$$R = 3000sk^{1/2} \tag{7-10}$$

或

$$R = 575s\,(Hk)^{1/2} \tag{7-11}$$

式中，k 以 m/s 计，R、s 和 H 均以 m 计。

【例 7-1】 有一普通完整井，其半径为 $0.1m$，含水层厚度 $H = 8m$，土的渗透系数为 $0.001m/s$，抽水时井中水深 $h = 3m$，试估算井的出流量。

【解】 最大抽水降深 $s = H - h = 8 - 3 = 5m$

由式（7-10）求影响半径 $R = 3000sk^{1/2} = 3000 \times 5 \times 0.001^{1/2} = 474.3m$

由式（7-8）求出水量

$$Q = \frac{1.366k(H^2 - h^2)}{(\lg R - \lg r_0)} = \frac{1.366 \times 0.001 \times (8^2 - 3^2)}{(\lg 474.3 - \lg 0.1)} = 0.02 \ m^3/s$$

2. 自流完整井

自流完整井（图 7-3），含水层位于两不透水层之间。设水平走向的承压含水层厚度为 t，凿井穿透含水层，未抽水时地下水位上升到 H，为承压含水层的总水头，井中水面高于含水层厚 t，有时甚至高出地表面向外喷涌。

自井中抽水，井中水深由 H 降至 h，井周围测压管水头线形成漏斗形曲面。取据井轴 r 处，测压管水头为 z 的过水断面，由裘

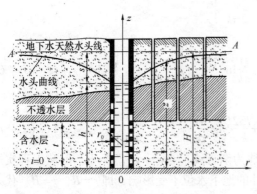

图 7-3　自流完整井

皮依公式

$$v = k \frac{\mathrm{d}z}{\mathrm{d}r}$$

流量

$$Q = Av = 2\pi rtk \frac{\mathrm{d}z}{\mathrm{d}r}$$

分离变量积分

$$\int_h^z \mathrm{d}z = \frac{Q}{2\pi kt} \int_{r_0}^r \frac{\mathrm{d}r}{r}$$

自流完整井水头线方程为

$$z - h = 0.366 \frac{Q}{kt} \lg \frac{r}{r_0}$$

同样引入影响半径概念，当 $r = R$ 时，$z = H$，代入上式，解得自流完整井涌水量公式，

$$Q = 2.732 \frac{kt(H - h)}{\lg \frac{R}{r_0}} = 2.732 \frac{kts}{\lg \frac{R}{r_0}} \tag{7-12}$$

【例7-2】 对自流井进行抽水实验以确定土壤的渗透系数 k 值。在距井轴 $r_1 = 10\mathrm{m}$ 和 $r_2 = 20\mathrm{m}$ 处分别钻一个观测孔，当自流井抽水后，实测两个观测孔中水面的稳定降深 $S_1 = 2.0\mathrm{m}$ 和 $S_2 = 0.8\mathrm{m}$。设承压含水层厚度 $t = 6\mathrm{m}$，稳定的抽水量 $Q = 24\mathrm{L/s}$，求土壤的渗透系数 k 值。

【解】 由自流完整井水头线方程 $z - h = 0.366 \frac{Q}{kt} \lg \frac{r}{r_0}$

得

$$S_1 = H - h_1 = 0.366 \frac{Q}{kt} \lg \frac{R}{r_1}$$

$$S_2 = H - h_2 = 0.366 \frac{Q}{kt} \lg \frac{R}{r_2}$$

两式相减，得

$$S_1 - S_2 = 0.366 \frac{Q}{kt} \lg \frac{r_2}{r_1}$$

$$k = 0.366 \frac{Q}{(S_1 - S_2)t} \lg \frac{r_2}{r_1} = 0.366 \frac{0.024}{(2 - 0.8)6} \lg \frac{20}{10} = 0.00037 \mathrm{m/s}$$

7.2.2 集水廊道

集水廊道是汲取地下水源或降低地下水位的一种集水建筑物。

设有一条位于水平不透水层上的矩形断面集水廊道（图7-4）。若从廊道中向外抽水，则在其两侧的地下水均流向廊道，水面不断下降，当抽水稳定出流后，将形成对称于廊道轴线的浸润曲面，由于浸润曲面的曲率很小，可近似看作为无压恒定渐变渗流。廊道很长，所有垂直于廊道轴线的剖面，渗流情况相同，可视为平面渗流问题。

取廊道右侧的单位长度来看，设 Oxz 坐标，由裘皮依公式，$v = kJ$，$J = \mathrm{d}z/\mathrm{d}x$，得

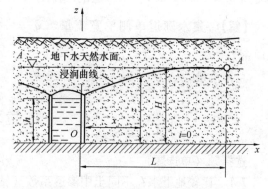

图7-4 集水廊道渗流计算简图

$$v = k \frac{\mathrm{d}z}{\mathrm{d}x}$$

设 q 为集水廊道单位长度从一侧渗入的单宽流量，则

$$q = k \frac{\mathrm{d}z}{\mathrm{d}x} z$$

分离变量，积分上式，并从边界条件，$x = 0$ 时，$z = h$，得

$$z^2 - h^2 = \frac{2q}{k} x \qquad (7-13)$$

上式为廊道浸润曲线方程。

当 x 值越大，地下水位的降落越小。设在 $x = L$ 处，$z \approx H$，$x \geqslant L$ 区域，地下水位已不受抽水的影响，则称 L 是集水廊道的影响范围。将上述条件代入式（7-13），得集水廊道单位长度每侧的渗流量。

$$q = \frac{k(H^2 - h^2)}{2L} \qquad (7-14)$$

若引入浸润曲线的平均坡度

$$\bar{J} = \frac{H - h}{L}$$

则式（7-14）可改写为

$$q = \frac{k(H + h)}{2} \bar{J} \qquad (7-15)$$

可用于初步估算 q。$\bar{J}$ 的数值可根据土壤性质，由表 7-2 选取。

表 7-2　浸润曲线的平均坡度

土壤类别	$\bar{J}$ 值	土壤类别	$\bar{J}$ 值
粗砂及卵石	0.003 ~ 0.005	亚粘土	0.05 ~ 0.10
砂土	0.005 ~ 0.015	粘土	0.15
亚砂土	0.03		

【例 7-3】　在水平不透水层修建有一条长 $l = 100\text{m}$ 的集水廊道（图 7-4）。已知含水层的厚度 $H = 8.0\text{m}$，排水后，廊道内水深降至为 $h = 3.6\text{m}$，集水廊道的影响范围 $L = 800\text{m}$，渗透系数 $k = 0.004\text{m/s}$，求廊道的总排水量。

【解】　集水廊道单侧单宽流量　$q = \frac{k(H^2 - h^2)}{2L} = \frac{0.004 \times (8^2 - 3.6^2)}{2 \times 800} = 1.28 \times 10^{-4}\text{m}^2/\text{s}$

总排水量　$Q = 2ql = 2 \times 1.28 \times 10^{-4} \times 100 = 2.56 \times 10^{-2}\text{m}^3/\text{s}$

本章习题

选择题（单选题）

7.1　比较地下水在不同土中渗透系数（粘土 k_1，黄土 k_2，细砂 k_3）的大小：（a）$k_1 > k_2 > k_3$；（b）$k_1 < k_2 < k_3$；（c）$k_2 < k_1 < k_3$；（d）$k_3 < k_1 < k_2$。

7.2　达西定律的适用范围：（a）$Re < 2300$；（b）$Re > 2300$；（c）$Re < 575$；（d）$Re \leqslant 1 \sim 10$（$Re = vd_{10}/\nu$）。

7.3　普通完整井的出水量：（a）与渗透系数成正比；（b）与井的半径成正比；（c）与含水层厚度成正比；（d）与影响半径成正比。

7.4　在实验室中，根据达西定律测定某种土壤的渗透系数，将土样装在直径 $D = 30cm$ 的圆筒中，在 80cm 的水头差的作用下，6 小时的渗透水量为 85L，两测压管的距离为 40cm，该土壤的渗透系数为：（a）0.4m/d；（b）1.4m/d；（c）2.4m/d；（d）3.4m/d。

7.5　一普通完整井，井的半径 $r_0 = 0.1m$，含水层厚度 $H = 8m$；土壤的渗透系数 $k = 0.001m/s$，当井中水深为 3m 时的出水流量为：（a）0.01m^3/s；（b）0.02m^3/s；（c）0.03m^3/s；（d）0.04m^3/s。

7.6　在铁路沿线开挖一条长 100m 的排水明渠，含水层厚度 2.5m，沟中水深 0.5m，土壤渗透系数 0.0002m/s，沟的影响范围为 800m，其总排水量为：（a）0.54m^3/h；（b）0.64m^3/h；（c）0.74m^3/h；（d）0.84m^3/h。

计算题

7.7　在实验室中用达西实验装置，来测定土样的渗透系数（图 7 - 1）。圆筒直径为 20cm，两测压管间距为 40cm，测得的渗流量为 100mL/min，两测压管的水头差为 20cm，试求土样的渗透系数。

7.8　上、下游水箱中间有一连接管（图 7 - 5），水箱水位恒定，连接管内填充两种不同的砂层（$k_1 = 0.003m/s$，$k_2 = 0.001m/s$），管道断面积为 0.01m^2，试求渗流量。

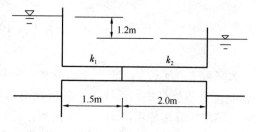

7.9　某工地以潜水为给水水源。由钻探测知含水层为夹有砂粒的卵石层，厚度为 6m，渗透系数为 0.00116m/s，现打一普通完整井，井的半径 0.15m，影响半径为 150m，试求井中水位降深 3m 时，井的涌水量。

图 7 - 5　题 7.8 图

7.10　为了用抽水试验确定某自流完整井的影响半径 R，在距离中心轴线距离为 $r_1 = 15m$ 处钻一观测孔。当自流井抽水后，井中水面稳定的降落深度 $s = 3m$，而此时观测孔中水位降落深度 $s_1 = 1m$。设承压含水层厚度 $t = 6m$，井的直径 $d = 0.2m$。求井的影响半径 R。

第8章 相似原理和量纲分析

教学要求： 理解相似原理和量纲分析的基本概念及有关公式；掌握相似准则应用及量纲分析中 π 定理的应用。

对许多复杂的工程问题，求解控制流体运动的基本方程在数学上存在困难，需要运用定性的理论分析方法和实验方法进行研究。

相似原理（similarity principle）和量纲分析（dimensional analysis）为科学地组织实验和整理实验成果提供理论指导，对复杂的流动问题，还可借助相似原理和量纲分析来建立物理量之间的联系。因此，相似原理和量纲分析是发展流体力学理论，解决实际工程问题的有力工具。

8.1 相似原理

大多数工程实验是在模型上进行的。所谓模型（model）通常是指与原型（工程实物）（prototype）有同样的运动规律，各运动参数存在固定比例关系的缩小物。通过模型实验，把研究结果换算为原型流动，进而预测在原型流动中将要发生的现象。怎样才能保证模型和原型有同样的流动规律呢？关键是要使模型和原型是相似的流动，只有这样的模型才是有效的模型，实验研究才有意义。相似理论就是研究相似现象之间的联系的理论，是模型实验的理论基础。

8.1.1 相似概念

流动相似概念是几何相似概念的扩展。流体运动有关的物理量，除了几何量（长度、面积、体积）之外，还有运动量（速度、加速度）和力，由此，流体力学相似扩展为以下四方面的内容。

1. 几何相似

几何相似（geometric similarity）是指两个流动（原型和模型）流场的几何形状相似，也就是说相应的线段长度成比例、夹角相等。原型和模型流动如图 8-1 所示。以角标 p 表示原型，m 表示模型，则有

$$\left. \begin{array}{l} \dfrac{l_{p1}}{l_{m1}} = \dfrac{l_{p2}}{l_{m2}} = \cdots = \dfrac{l_p}{l_m} = \lambda_l \\[2mm] \theta_{p1} = \theta_{m1}, \theta_{p2} = \theta_{m2} \end{array} \right\} \quad (8-1)$$

λ_l 称为长度比尺。面积比尺 $\lambda_A = A_p / A_m =$

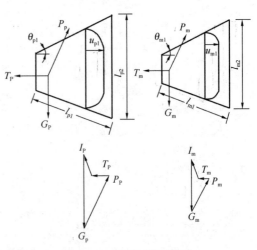

图 8-1 原型和模型流动

118

$\lambda_l{}^2$，体积比尺 $\lambda_v = V_p / V_m = \lambda_l{}^3$，可见几何相似是通过长度比尺 λ_l 来表征的。

2. 运动相似

运动相似（movement similarity）是指两个流动相应点速度方向相同，大小成比例，也就是 $\lambda_u = u_p / u_m$。

λ_u 称为速度比尺。由于各相应点速度成比例，所以相应断面的平均速度必然有同样比尺

$$\lambda_u = \frac{u_p}{u_m} = \frac{v_p}{v_m} = \lambda_v \tag{8-2}$$

将 $v = l / t$ 关系代入上式

$$\lambda_v = \frac{l_p / t_p}{l_m / t_m} = \frac{l_p / l_m}{t_p / t_m} = \lambda_l / \lambda_t$$

$\lambda_t = t_p / t_m$ 称为时间比尺，满足运动相似应有固定的长度比尺和时间比尺。

速度相似也意味着各相应点的加速度相似，加速度比尺为

$$\lambda_a = \frac{a_p}{a_m} = \frac{u_p / t_p}{u_m / t_m} = \frac{u_p / u_m}{t_p / t_m} = \lambda_l / \lambda_t{}^2$$

3. 动力相似

动力相似（dynamic similarity）指两个流动相应点处质点受同名力作用，力的方向相同、大小成比例。根据达朗贝尔原理，对于运动的质点，设想加上该质点的惯性力，则惯性力与质点所受作用力平衡，形式上构成封闭力多边形。从这个意义上说，动力相似可表示为相应点上的力的多边形相似，相应边（即同名力）成比例（图 8-1）。

分别以符号 **T**、**G**、**P**、**I** 代表粘性力、重力、压力和惯性力，则有

$$\frac{T_p}{T_m} = \frac{G_p}{G_m} = \frac{P_p}{P_m} = \frac{I_p}{I_m} \tag{8-3}$$

比尺 $\lambda_T = \lambda_G = \lambda_P = \lambda_I$

4. 边界条件和初始条件相似

边界条件（boundary condition）相似指两个流动相应边界性质相同，如原型中的固体壁面，模型中相应部分也是固体壁面。对于非恒定流动，还要满足初始条件（initial condition）相似。

综上所述，凡力学相似的运动，必是几何相似、运动相似、动力相似、边界条件和初始条件相似的运动。

8.1.2　相似准则

怎样来实现原型流动和模型流动的力学相似呢？

首先要满足几何相似，几何相似是力学相似的前提条件。

其次是实现动力相似。要使两个流动动力相似，前面定义的各项比尺须符合一定的约束关系，这种约束关系称为相似准则（similarity criteria）。

现根据动力相似的流动，相应点上的力多边形相似，相应边（即同名力）成比例，来推导各单项力的相似准则。

1. 雷诺准则

两个流动相应点上惯性力与粘性力的对比关系根据式（8-3）则有

$$\frac{I_p}{T_p} = \frac{I_m}{T_m}$$

式中的力可用运动的特征量表示，则粘性力 $T = \mu A\,(\mathrm{d}u/\mathrm{d}y) = \mu l v$，惯性力 $I = \rho l^2 v^2$，代入上式整理，得

$$\frac{\rho_p l_p v_p}{\mu_p} = \frac{\rho_m l_m v_m}{\mu_m}$$

$$(Re)_p = (Re)_m \tag{8-4}$$

无量纲数 $Re = \rho l v /\mu$ 称为雷诺数（Reynolds number）。雷诺数表征惯性力和粘性力之比。式（8-4）表明两流动相应的雷诺数相等，粘性力相似，称为雷诺准则。

2. 弗劳德准则

两个流动相应点上惯性力与重力的对比关系根据式（8-3）则有

$$\frac{I_p}{G_p} = \frac{I_m}{G_m}$$

式中重力 $G = \rho g l^3$，惯性力 $I = \rho l^2 v^2$，代入上式整理，得

$$\frac{v_p^2}{g_p l_p} = \frac{v_m^2}{g_m l_m}$$

开方

$$\frac{v_p}{\sqrt{g_p l_p}} = \frac{v_m}{\sqrt{g_m l_m}}$$

$$(Fr)_p = (Fr)_m \tag{8-5}$$

无量纲数 $Fr = v/\sqrt{gl}$ 称为弗劳德数（Froude number）。弗劳德数表征惯性力与重力之比。式（8-5）表明两流动相应的弗劳德数相等，重力相似，称为弗劳德准则。

3. 欧拉准则

由式（8-3）

$$\frac{P_p}{I_p} = \frac{P_m}{I_m}$$

式中压力 $P = \Delta p l^2$，惯性力 $I = \rho l^2 v^2$。代入上式整理，得

$$\frac{\Delta p_p}{\rho_p v_p^2} = \frac{\Delta p_m}{\rho_m v_m^2}$$

$$(Eu)_p = (Eu)_m \tag{8-6}$$

无量纲数 $Eu = \Delta p/(\rho v^2)$ 称为欧拉数（Euler number）。欧拉数表征压力与惯性力之比。式（8-6）表明两流动相应的欧拉数相等，压力相似，称为欧拉准则。

如图 8-1 所示，若决定流的作用力是粘性力、重力和压力，则只要其中两个同名作用力和惯性力成正比例，另一个对应的同名力也将成比例。由于压力通常是待求量，这样只要粘性力、重力相似，压力将自行相似。换言之，当雷诺准则、弗劳德准则成立，欧拉准则可自行成立。所以又将雷诺准则、弗劳德准则称为定性准则，欧拉准则为导出准则，即 $Eu = f(Re, Fr)$。

8.1.3 模型律

在安排模型实验前进行模型设计时，怎样根据原型的定性物理量确定模型的定性物理量

值呢？例如管道流动模型实验，如何确定模型贯流中的平均流速，以便决定实验所需的流量。这主要是根据准则数相等来确定的。但当模型几何尺寸和流动介质等发生变化，不同于原型值时，很难保证所有的准则数都分别相等。譬如，对于不可压缩性流体的恒定流动，只有当雷诺数和弗劳德数相等，才能达到动力相似。

对于雷诺数相等，$Re_n = Re_m$，即 $\dfrac{v_n l_n}{\nu_n} = \dfrac{v_m l_m}{\nu_m}$，整理得 $\dfrac{v_n}{v_m} = \dfrac{\nu_n}{\nu_m} \Big/ \dfrac{l_n}{l_m}$，则长度和速度的比尺关系为

$$\lambda_v = \lambda_\nu / \lambda_l \qquad\qquad (8-7)$$

雷诺数相等，表示粘性力相似。原型与模型流动雷诺数相等这个相似条件，称为雷诺模型律。按照式（8-7）比尺关系调整原型流动和模型流动的流速比例和长度比例，就是根据雷诺模型律进行设计。

对于弗劳德数相等，$Fr_n = Fr_m$，即 $\dfrac{v_n}{\sqrt{g_n l_n}} = \dfrac{v_m}{\sqrt{g_m l_m}}$，由于 $g_n = g_m$，整理得 $\dfrac{v_n}{v_m} = \sqrt{\dfrac{l_n}{l_m}}$，则长度和速度的比尺关系为

$$\lambda_v = \sqrt{\lambda_l} \qquad\qquad (8-8)$$

弗劳德数相等，表示重力相似。原型与模型流动弗劳德数相等这个相似条件，称为弗劳德模型律。按照式（8-8）比尺关系调整原型流动和模型流动的流速比例和长度比例，就是根据弗劳德模型律进行设计。

从雷诺模型律和弗劳德模型律的对比可以看出，要同时满足两模型律来设计模型，需要满足 $\lambda_\nu = \lambda_l^{3/2}$，这就要求在模型流动中，采用一定粘度的流体，这基本上是不可能的。

因此，在模型设计中，应该抓住对流动起决定作用的力，保证原型和模型的该力相应的准则数相等。这种只满足主要相似准则数相等的相似称为局部相似。在几何相似的前提下，所有的相似准数都相同的相似称为完全相似。我们把仅考虑某一种外力的动力相似条件称为相似准则模型律。例如，仅考虑粘性力时，应保持 $Re_n = Re_m$，就称为雷诺模型律；仅考虑重力时，应保持 $Fr_n = Fr_m$，称为弗劳德模型律；考虑压力时，应保持 $Eu_n = Eu_m$，称为欧拉模型律。

水在管中流动，断面流速分布和沿程水头损失，在同一水头差的条件下，与管道本身是否倾斜无关，这说明重力不起作用，影响流速分布的因素是粘性力，因此应采用雷诺模型律。

当管中流速相当大时（$Re > 50000$），断面流速接近均匀分布，紊流进入阻力平方区。这样，在模型设计时不受模型律的制约，只要尽可能提高模型流动的雷诺数，使它也进入阻力平方区。由于这个缘故，阻力平方区也成为自动模型区。所谓自动模型区，就是当某一相似准数在一定的数值范围内，流动的形似性和该准则数无关，即使 $Re_n \neq Re_m$，流动仍保持相似。

【例 8-1】 某车间长 30m，宽 15m，高 10m，用直径为 0.6m 的风口送风，风口风速为 8m/s，出口温度为 20℃，如长度比尺取为 5，确定模型尺寸和模型出口风速。

【解】 （1）模型尺寸

由于 $\lambda_l = 5$，模型长度为 $\dfrac{30}{5} = 6\mathrm{m}$，模型宽度为 $\dfrac{15}{5} = 3\mathrm{m}$，模型高度为 $\dfrac{10}{5} = 2\mathrm{m}$，风口

直径为 $\dfrac{0.6}{5} = 0.12\text{m}$。

（2）模型出口风速

原型雷诺数，20℃空气的 $\nu = 15.7 \times 10^{-6}\ \text{m}^2/\text{s}$

$$Re_\text{n} = \frac{v_\text{n}d_\text{n}}{\nu_\text{n}} = \frac{8 \times 0.6}{15.7 \times 10^{-6}} = 3.06 \times 10^5$$

气流处于阻力平方区，模型采用粗糙度较大的管子，阻力平方区的最低雷诺数 $Re = 50000$，与此相应的模型出口流速 v_m 为

$$Re_\text{m} = \frac{v_\text{m}d_\text{m}}{\nu_\text{m}} = \frac{v_\text{m} \times 0.12}{15.7 \times 10^{-6}} = 50000$$

$$v_\text{m} = 6.5\ \text{m/s}$$

【例 8 - 2】 某蓄水库几何比尺为 225 的小模型，在开闸后 4mim 可放空库水，问原型中放空库水需要多少时间？

【解】 水库闸水应采用弗劳德模型律：$Fr_\text{n} = Fr_\text{m}$

$$\left(\frac{v}{\sqrt{gl}}\right)_\text{n} = \left(\frac{v}{\sqrt{gl}}\right)_\text{m}$$

得到：$\lambda_v = \lambda_l^{1/2}$

则

$$\lambda_\text{t} = \frac{\lambda_l}{\lambda_v} = \frac{\lambda_l}{\lambda_l^{1/2}} = \lambda_l^{1/2} = \sqrt{225} = 15$$

$$t_\text{n} = \lambda_l \cdot t_\text{m} = 15 \times 4 = 60\text{min}$$

8.2 量纲分析

8.2.1 量纲的概念

我们把物理量的属性（类别）称为量纲或因次（dimension）。显然，量纲是物理量的实质，不含有人为的影响。通常以 L 代表长度量纲，M 代表质量量纲，T 代表时间量纲。采用 $\dim q$ 代表物理量 q 的量纲，则面积 A 的量纲可表示为

$$\dim A = L^2$$

不具有量纲的量称为无量纲量，就是纯数，如圆周率、角度（弧度制）等都是无量纲量。

有量量纲是由量纲和单位两个因素决定的。单位是人为规定的度量标准。

在量纲分析中，经常用到基本量纲和导出量纲的概念。某一类物理现象，不存在任何联系的性质且相互独立的量纲称为基本量纲；而那些由基本量纲导出的量纲称为导出量纲。在流体力学中，对于不可压缩流体的流动，常用 M—L—T 基本量纲系统。

质量 $\dim m = M$　　　长度 $\dim l = L$　　　时间 $\dim t = T$

基本量纲的选取并非唯一。表 8 - 1 列出了流体力学常用的各种物理量的量纲。

表 8 - 1 常用物理量的单位和量纲

序号	物理量名称	符号	性质	国际单位	量纲
1	长度	l	几何学	m	L
2	面积	A	几何学	m^2	L^2
3	体积	V	几何学	m^3	L^3
4	时间	t	运动学	s	T
5	速度	v	运动学	m/s	LT^{-1}
6	角速度	ω	运动学	1/s	T^{-1}
7	加速度	a	运动学	m/s^2	LT^{-2}
8	运动粘度	ν	运动学	m^2/s	L^2T^{-1}
9	质量	m	动力学	kg	M
10	密度	ρ	动力学	kg/m^3	ML^{-3}
11	力	F	动力学	N	MLT^{-2}
12	应力	τ	动力学	N/m^2	$ML^{-1}T^{-2}$
13	动力粘度	μ	动力学	Pa·s	$ML^{-1}T^{-1}$
14	容重	γ	动力学	N/m^3	$ML^{-2}T^{-2}$
15	表面张力系数	σ	动力学	N/m	MT^{-2}
16	弹性模量	E	动力学	N/m^2	$ML^{-1}T^{-2}$
17	能（功）	W	动力学	J（N·m）	ML^2T^{-2}
18	功率	N	动力学	W	ML^2T^{-3}

8.2.2 量纲和谐原理

量纲和谐原理（harmonic principle of dimensions）是量纲分析的基础。量纲和谐原理的简单表述是：凡正确反映客观规律的物理方程，其各项的量纲一定是一致的。在工程界至今还有一些由实验和观测资料整理成的经验公式，不满足量纲和谐。这种情况表明，人们对这一部分流动的认识尚不充分，这样的公式将逐渐被修正或被正确完整的公式所代替。

由量纲和谐原理可引申出以下两点：

（1）凡正确反映客观规律的物理方程，一定能表示成由无量纲项组成的无量纲方程。

（2）量纲和谐原理规定了一个物理过程中有关物理量之间的关系。因为一个正确完整的物理方程中，各物理量量纲之间的关系是确定的，按物理量量纲之间的这一确定性，就可建立该物理过程各物理量的关系式。量纲分析法就是根据这一原理发展起来的。

8.2.3 量纲分析法

1. 瑞利法

瑞利法的基本原理是某一物理过程同几个物理量有关

$$f(q_1, q_2, \cdots, q_n) = 0$$

其中的某一物理量 q_i 可表示为其他物理量的指数乘积形式，即

$$q_i = Kq_1{}^a q_2{}^b \cdots q_{n-1}^p \tag{8-9}$$

写出量纲式

$$\dim q_i = \dim(q_1{}^a q_2{}^b \cdots q_{n-1}^p)$$

将量纲式中各物理量的量纲表示为基本量纲的指数乘积形式，并根据量纲和谐原理，确定指数 $a, b, \cdots, p$，就可表达该物理过程的方程式。

【例 8 - 3】 求水泵输出功率的表达式。

【解】 水泵输出功率是指单位时间水泵输出的能量。

（1）找出同水泵输出功率 N 有关的物理量，包括容重（单位体积水的重量）γ、流量 Q、扬程 H，即

$$f(N,\gamma,Q,H) = 0$$

（2）写出指数乘积关系式

$$N = K\gamma^a Q^b H^c$$

（3）写出量纲式

$$\dim N = \dim(K\gamma^a Q^b H^c)$$

（4）以基本量纲（M、L、T）表示各物理量量纲

$$ML^2 T^{-3} = (ML^{-2} T^{-2})^a (L^3 T^{-1})^b (L)^c$$

（5）根据量纲和谐原理求待定的量纲指数

M: $\qquad\qquad 1 = a$

L: $\qquad\qquad 2 = -2a + 3b + c$

T: $\qquad\qquad -3 = -2a - b$

得 $\qquad\qquad a = 1;\ b = 1;\ c = 1$

（6）整理方程式

$$N = K\gamma QH$$

K 为由实验确定的系数。

【例 8-4】　由实验得知流体在圆管做层流运动时，所通过的流量 Q 与流体的动力粘度 μ、管道直径 d、管道长度 l 和管段两端的压强差有关。根据对实测资料分析，可知 Q 与 l 成反比，与 Δp 成正比，试用瑞利法推求圆管层流的流量计算公式。

【解】

（1）根据已知条件，将 l 和 Δp 合并为一项，可知如下函数关系

$$f(Q,\mu,d,\Delta p/l) = 0$$

（2）写出指数乘积关系式

$$Q = k\mu^a d^b (\Delta p/l)^c$$

（3）写出量纲式

$$\dim Q = \dim\left[\mu^a d^b (\Delta p/l)^c\right]$$

（4）以基本量纲（M、L、T）表示各物理量量纲

$$M^0 L^3 T^{-1} = (ML^{-1}T^{-1})^a (L)^b (ML^{-2} T^{-2})^c$$

（5）根据量纲和谐原理求待定的量纲指数

L: $\qquad\qquad 3 = -a + b - 2c$

T: $\qquad\qquad -1 = -a - 2c$

M: $\qquad\qquad 0 = a + c$

得 $\qquad\qquad a = -1;\ b = 4;\ c = 1$

（6）代入指数乘积关系式

$$Q = k(d^4/\mu)(\Delta p/l)$$

由实验确定的系数 $\qquad\qquad k = \pi/128$

则 $\qquad\qquad Q = (\pi/128)(d^4/\mu)(\Delta p/l)$

从上面的例题可以看出，用瑞利法推求物理过程方程式只能用于比较简单的问题，有关

物理量不超过四个，如例 8－3。当物理量超过四个时，则需要归并有关物理量，如例 8－4，或采用 π 定理进行分析。

2. π 定理

π 定理是量纲分析更为普遍的原理，由美国物理学家布金汉（Buckingham，1867—1940）提出，又称布金汉定理。π 定理指出，若某一物理过程包含 n 个物理量，即

$$f(q_1, q_2, \cdots, q_n) = 0$$

其中有 m 个基本量（量纲独立，不能相互导出的物理量），则该物理过程可由 n 个物理量构成的 $n-m$ 个无量纲项所表达的关系式来描述。即

$$F(\pi_1, \pi_2, \cdots, \pi_{n-m}) = 0 \tag{8-10}$$

由于无量纲项用 π 表示，π 定理由此得名。π 定理可用数学方法证明，这里从略。

【例 8－5】　试用 π 定理推求圆球绕流阻力的表达式。

【解】　（1）首先确定对绕流阻力有关的物理量，根据对已有资料分析可知，圆球绕流阻力 F_D 与流体物理性质（包括流体的密度 ρ 和动力粘度 μ）、流体边界的几何特性（圆球直径 d）和流体运动特征（来流流速 v）有关，共三个方面五个物理量，用函数关系式表示为

$$f(F_D, \rho, \mu, d, v) = 0$$

（2）选三个基本物理量，在几何特征、运动特征、动力特征三个方面各选取一个，即 d，v，ρ 作为基本物理量，由量纲公式

$$\dim d = M^0 L^1 T^0$$
$$\dim v = M^0 L^1 T^{-1}$$
$$\dim \rho = M^1 L^{-3} T^0$$

量纲指数行列式

$$\begin{vmatrix} 0 & 1 & 0 \\ 0 & 1 & -1 \\ 1 & -3 & 0 \end{vmatrix} = -1 \neq 0$$

所以上述三个基本物理量的量纲是独立的。

（3）列出 $n-3 = 5-3 = 2$ 个无量纲 π 项

$$\pi_1 = \frac{F_D}{\rho^{a_1} v^{b_1} d^{c_1}}$$

$$\pi_2 = \frac{\mu}{\rho^{a_2} v^{b_2} d^{c_2}}$$

（4）根据量纲和谐原理，确定各 π 项的指数

对于 π_1，其量纲式为

$$M^1 L^1 T^{-2} = (ML^{-3})^{a_1} (LT^{-1})^{b_1} (L)^{c_1}$$

M：　　　　　　　　　　$1 = a_1$

L：　　　　　　　$1 = -3a_1 + b_1 + c_1$

T：　　　　　　　　　$-2 = -b_1$

联立求解以上三式，得　　　　$a_1 = 1；b_1 = 2；c_1 = 2$

可得　　　　　　　　$\pi_1 = F_D / (\rho v^2 d^2)$

对于 π_2，其量纲式为

$$M^1 L^{-1} T^{-1} = (ML^{-3})^{a_2} (LT^{-1})^{b_2} (L)^{c_2}$$

M: $\qquad\qquad 1 = a_2$

L: $\qquad\qquad -1 = -3a_2 + b_2 + c_2$

T: $\qquad\qquad -1 = -b_2$

联立求解以上三式，得 $\qquad a_2 = 1;\ b_2 = 1;\ c_2 = 1$

可得 $\qquad\qquad \pi_2 = \mu / (\rho v d) = Re^{-1}$

（5）写出无量纲量方程

$$f[F_D / (\rho v^2 d^2), Re^{-1}] = 0$$

或写成 $\qquad\qquad F_D = f(Re)\, \rho v^2 d^2$

$$F_D = f(Re)(8/\pi)\left(\frac{\pi d^2}{4}\right)\left(\frac{\rho v^2}{2}\right) = C_d \cdot A \cdot \frac{\rho v^2}{2}$$

式中 $C_d = f(Re)(8/\pi) = F(Re)$ 为绕流阻力系数，与雷诺数有关，由实验确定。

本章习题

选择题（单选题）

8.1　速度 v、长度 l、重力加速度 g 的无量纲集合是：

（a）lv/g；（b）v/lg；（c）l/gv；（d）v^2/gl。

8.2　速度 v、密度 ρ、压强 p 的无量纲集合是：

（a）$\rho p/v$；（b）$\rho v/p$；（c）$p/\rho v^2$；（d）$\rho^2 v/p$。

8.3　速度 v、长度 l、时间 t 的无量纲集合是：

（a）l/vt；（b）t/lv；（c）l/vt^2；（d）v/lt。

8.4　压强差 Δp、密度 ρ、长度 l、流量 Q 的无量纲集合是：

（a）$\rho l/(Q^2 \Delta p)$；（b）$\rho Q/(l^2 \Delta p)$；（c）$l Q \Delta p/\rho$；（d）$(\rho/\Delta p)^{1/2} Q/l^2$。

8.5　液体的弹性模量 E、密度 ρ 和速度 v 可组成的无量纲数是：

（a）Ev/ρ；（b）Ev^2/ρ；（c）$\rho v/E$；（d）$\rho v^2/E$。

8.6　密度 ρ、速度 v、长度 l 和表面张力 σ 可组成的无量纲数是：

（a）$\rho v^2 l/\sigma$；（b）$\rho v l/\sigma$；（c）$\rho v \sigma/l$；（d）$\rho v^2 \sigma/l$。

8.7　雷诺数的物理意义表示：（a）粘性力与重力之比；（b）重力与惯性力之比；（c）惯性力与粘性力之比；（d）压力与粘性力之比。

8.8　已知三角堰的流量与作用水头 h，重力加速度 g 和三角堰的顶角 θ 有关，用瑞利法推得的三角堰流量 Q 公式为：

（a）$k(\theta)\, g^{1/2} h^{5/2}$；（b）$k(\theta)\, g^{1/2} h^{3/2}$；（c）$k(\theta)\, g^{-1/2} h^{5/2}$；（d）$k(\theta)\, g^{-1/2} h^{3/2}$。

计算题

8.9　弦长为 3m 的飞机机翼以 300km/h 的速度，在温度为 20℃，压强为 1at（n）的静止空气中飞行，用比例为 20 的模型在风洞中做实验，要求实现动力相似。（a）如果风洞中空气的温度、压强和飞行中的相同，风洞中空气的速度应怎样？（b）如果在可变密度的风洞中做实验，温度仍然为 20℃，压强为 30 at（n），则速度应为多少？（c）如果模型在水中实验，水温是 20℃，则速度是多少？

8.10　长 1.5m，宽 0.3m 的平板，在温度为 20℃ 的水内拖曳。当速度为 3m/s 时，阻力为 14N。计算相似板的尺寸，它在速度为 18m/s，绝对压力为 101.4kN/m² ，温度为 15℃ 的空气气流中形成动力相似条件，它的阻力估计为多少?

8.11　有一处理废水的稳定塘，宽度为 25m，长度为 100m，水深为 2m，塘中水温为 20℃，水力停留时间 t 为 15 天（t 的定义为塘的容积与流量之比），呈缓慢的均匀流。设模型长度比尺为 20，求模型尺寸及水在模型中水力停留时间。

8.12　溢水堰模型设计比例为 20。当在模型上测得流量为 $Q_m = 300L/s$ 时，水流推力为 $P_m = 300N$，求实际流量 Q_n 和推力 P_n。

8.13　假设自由落体的下落距离 s 与落体的质量 m、重力加速度 g 及下落时间 t 有关，试用瑞利法导出自由落体下落距离的关系式。

8.14　水泵的轴功率 N 与泵轴的转矩 M、角速度 ω 有关，试用瑞利法导出轴功率表达式。

8.15　水中的声速 a 与体积模量 K 和密度 ρ 有关，试用瑞利法导出声速的表达式。

8.16　受均布载荷的简支梁，最大挠度 y_{max} 与梁的长度 l，均布载荷的集度 q 和梁的刚度 EI 有关，与刚度成反比，试用瑞利法导出最大挠度的关系式。

8.17　薄壁堰溢流，假设单宽流量 q 与堰上水头 H、水的密度 ρ 及重力加速度 g 有关，试用瑞利法求流量 q 的关系式。

8.18　圆形孔口出流的流速 v 与作用水头 H、孔口直径 d、水的密度 ρ 和动力粘度 μ、重力加速度 g 有关，试用 π 定理推导孔口流量公式。

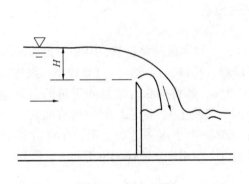　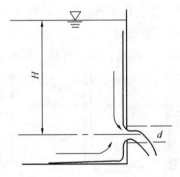

图 8-2　题 8.17 图　　　　　　　　图 8-3　题 8.18 图

8.19　已知文丘里流量计喉管流速 v 与流量计压强差 Δp，主管直径 d_1、喉管直径 d_2、以及流体的密度 ρ 和运动粘度 ν 有关，试用 π 定理证明流速关系式为

$$v = \sqrt{\frac{\Delta p}{\rho}} \varphi\left(Re, \frac{d_2}{d_1}\right)$$

8.20　球形固体颗粒在流体中的自由沉降速度 u_f 与颗粒的直径 d、密度 ρ_s 以及流体的密度 ρ、动力粘度 μ、重力加速度 g 有关，试用 π 定理证明自由沉降速度关系式为

$$u_f = f\left(\frac{\rho_s}{\rho}, \frac{\rho u_f d}{\mu}\right)\sqrt{gd}$$

第9章　流体运动参数的测量

教学要求：理解流速、流量和压强测量仪器的基本原理和特点。

流动运动参数的测量与分析是流体力学研究、发展与应用中的重要环节，也是工程实践中常常遇到的实际工作。测量的目的是获得被测流动要素的大小。测量是通过测量仪器来实现的，测量仪器的品质直接关系到测量结果的可信度。本章主要介绍根据流体力学原理设计制作的流速、流量和压强的测量仪器的基本原理，同时简要介绍其他常用的量测仪器的使用方法和特点。

9.1　流速测量

流体速度是描述流动现象的主要参数。研究流场，首先要研究速度场。流速测量是常见的而且具有实际意义的测量工作。毕托管是根据元流机械能守恒原理而设计的最基本的流速测量仪器，这些仪器通过压强测量来实现流速测量。

9.1.1　总压管

如图9-1所示，总压管是一根两端开口、中间弯曲的测压管，其中对准流动方向的探头为半球形，孔口（迎流孔）直径较小。设均匀流中点 A 的流速为 u，若将探头对准点 A 下游的点 B（点 A 与点 B 在同一流线上），则总压管中的液面与液流的液面形成高差 Δh。由于流体运动受阻，在点 B 形成流速为零的滞流点，应用理想流体的伯努利方程得到

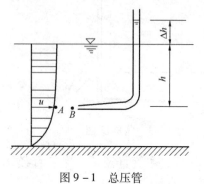

图9-1　总压管

$$\frac{p_A}{\rho g} + \frac{u^2}{2g} = \frac{p_B}{\rho g} \tag{9-1}$$

也就是说滞流点 B 的压强 p_B 等于点 A 的总压强 $p_A + \rho u^2/2$。根据测压管原理，能够得到关系

$$p_B/\rho g = h + \Delta h$$

由于均匀流过流断面上 $z + p/\rho g$ 为常数，可知点 A 的压强水头为 $p_A/\rho g = h$。于是从式（9-1）得到

$$u = \sqrt{2g\Delta h}$$

这就是读数 Δh 和点 A 流速之间的理论关系。由于设计、制造上的各种缺陷，读数 Δh 不恰好等于点 A、点 B 上的压强水头差。因此，实际应用时将上式修正成

$$u = \varphi\sqrt{2g\Delta h} \tag{9-2}$$

式中　φ——总压管的流速系数，其值需要由率定实验来定。质量较好时，φ 接近于

1；一般地，$\varphi < 1$。

将探头开口对准流动方向，对于保证总压管的量测精度十分重要。总压管的量测精度与测速范围取决于压强的量测精度。一般地，总压管适合的水流流速范围为 $0.1 \sim 6.0 \ \text{m/s}$。

9.1.2　毕托管

在图 9 - 1 中，点 A 的压强不能确定的条件下，可以采用能够将总压管与测压管相结合的方法，来测量点 A 的流速。这样的仪器称为毕托（Pitot）管，称毕托管的总压管为测速管。毕托管的测速原理如图 9 - 2（a）所示。设点 A 的流速为 u，测压管中测管高度为 $p_A/\rho g$。若将测速管的探头开口对准点 A 下游的点 B，在测速管中产生测压管高度 $p_B/\rho g$。由式（9-1）得到毕托管读数 Δh 和点 A 流速 u 之间的理论关系

$$u = \sqrt{2g\Delta h}$$

用流速系数 φ 进行修正后，得到实际流速算式

$$u = \varphi\sqrt{2g\Delta h} \tag{9 - 3}$$

与总压管一样，φ 值需要由率定实验来定。

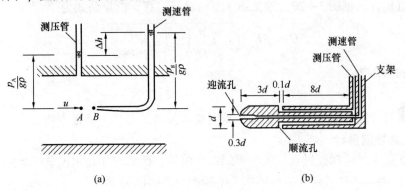

图 9 - 2　毕托管

毕托管探头的构造如图 9 - 2（b）所示。其中，前端的开口是测速管的迎流孔，侧面的顺流孔（一般为 $4 \sim 8$ 个或做成环形槽状）与测压管相通。为避免对流场的干扰引起的误差，迎流孔与顺流孔之间、顺流孔与支架之间的距离不能过小。毕托管一般用于室内恒定流的流速测量。它具有可靠度高、成本低、耐用性好、使用简便等优点。

用毕托管测量，当测量介质与被测介质不同时，方法见本书 3.4.3 内容，实际流速算式

$$u = \varphi\sqrt{2g\Delta h\frac{(\rho' - \rho)}{\rho}} \tag{9 - 4}$$

式中　ρ'——测量介质的密度，kg/m^3；

　　　ρ——被测介质的密度，kg/m^3。

9.1.3　微型螺旋桨式流速仪

微型螺旋桨式流速仪主要用于测量明渠水流等的流速，是目前国内外实验室常用的量测仪器。它由旋桨传感器、计数器及有关配套仪表所组成。传感器包括电阻式、电感式、光电式三种。使用时，将旋桨传感器固定于被测量点，使旋桨正对流动方向，由于流速作用迫使旋桨转动，流速越大，转动越快。由流速 u 与旋桨转动频率 n 的线型关系，可计算测点的流速 u。安装时，需将旋桨传感器牢固地固定在支架上，以减少因水流的冲击而引起的振动。

9.2 流量测量

最原始、最可靠的流量量测方法是直接测定一定时段内流出某一过流断面的流体体积或重量。根据这种方法制作的设备称为体积流量计或重量流量计。这类量测设备一般体积较大、较笨重，但因具有很高的可靠度，仍被用于其他流量计的率定与校准。

文丘里流量计、孔板流量计和量水堰等都是根据总流的机械能守恒原理而设计的最基本的、最常用的流量量测仪器，它们通过量测流体不同部位的压差来实现有压流与明渠流的流量测量，因此称为压差式流量计。

9.2.1 文丘里流量计

文丘里（Venturi）流量计是最常用的有压管道内流量的量测设备。它是利用管路中设置的文丘里管引起局部压强变化，根据局部压强变化与流量之间的关系算出管中流量的设备。

文丘里流量计，见图 3－20，参见第 3 章的推导过程。流量公式为

$$Q = \mu K \sqrt{\left(z_1 + \frac{p_1}{\rho g}\right) - \left(z_2 + \frac{p_2}{\rho g}\right)} \qquad (9-5)$$

式中，$K = \dfrac{\pi d_1^2 d_2^2 \sqrt{2g}}{4\sqrt{d_1^4 - d_2^4}}$。

文丘里流量计能量损失不大，但加工精度要求较高，安装不是很方便。

9.2.2 孔板流量计

在有压管道中，流动经过孔板或喷嘴时产生收缩，因此与文丘里流量计类似，孔板流量计（图 9－3）能够通过量测孔板或喷嘴上游断面与下游断面的压差（$p_1 - p_2 = \Delta p$）来确定通过管道内的流量。孔板流量计结构十分简单，其缺点是局部水头损失较文丘里管要大些。

孔板流量计的流量计算公式为

$$Q = \mu A \sqrt{\frac{2\Delta p}{\rho}} \qquad (9-6)$$

式中，流量系数 μ 是和面积收缩系数 ε 和流速系数 φ 有关，其关系 $\mu = \varepsilon\varphi$。

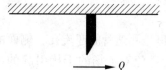

图 9－3　孔板流量计

9.2.3 量水堰

量水堰是常用的明渠流流量量测设备（图 9－4），将厚度 δ 较小、堰顶厚度不影响溢流特性的堰称为薄壁堰。量水堰是一种用于流量测量的薄壁堰，能够通过量测堰板上游的水位 H 来确定渠道中的流量 Q。根据堰口的形状，量水堰分为矩形堰、三角形堰与梯形堰（图 9－4）。

对无侧收缩的矩形薄壁堰的自由出流情况，堰流的流量计算公式是

$$Q = m_0 b \sqrt{2g} H^{3/2} \qquad (9-7)$$

式中　Q——堰流的流量，$\mathrm{m^3/s}$；

　　m_0——计入流速水头的流量系数，需要测定或由经验公式来确定；

b——堰宽，m；

H——堰上水头，m。

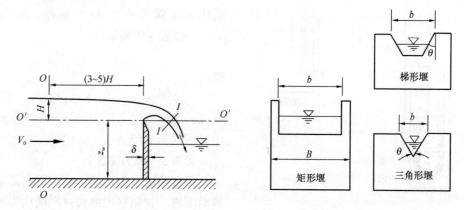

图 9 - 4   量水堰

常用的直角三角形薄壁堰，当 $H = 0.05\text{m} \sim 0.25\text{m}$ 时，堰流的流量计算公式是

$$Q = 1.343 H^{2.47} \tag{9 - 8}$$

三角形堰一般用于小流量（$Q < 100\text{L/s}$）的量测。当量测的流量较小时，用三角堰比用矩形堰量测误差较小。

应当注意，利用薄壁堰量水时，测量水头 H 的位置必须设在堰板上游 $3H$ 或更远的地方。此外，设置整流栅，减小水面波动，是提高量测精度的基本措施。

9.3   压强测量

压强的测量是流动要素测量的基础，因为流速和流量的测量常常需要通过压强的测量来实现。而连通器原理是压强测量的一个基本原理。

对于重力场中的常密度流体，能够根据压强分布特性得到静止流体的连通器原理：在静止、连通的同一种流体中，任意两点的压强差只与这两点的铅直高度有关，而与容器的形状无关。实际上，这种压强差的性质与等压面是水平面的结论（见第 2 章 2.2.2 等压面）是等价的。

9.3.1   测压管

测压管一般采用同种液体的液柱高度来测量液体的相对压强，其构造如图 9 - 5 所示。一根玻璃管的下端与所测液体相连通，上端与大气相通。通过量测测压管内液面的高度 h，来计算点 1 的相对压强 $p_1 = \rho g h_1$。

测压管构造简单、造价低、使用方便，用于量测的压强范围为 $0.01 \sim 2.0\text{mH}_2\text{O}$，测量精度与测压管的直径、放置倾角有关。当压强较低或需要提高测量精度时，可以将测压管倾斜放置、或在测压管中放置不与被测液体相互掺混的轻质液体（如煤油）；当压强高于 $2.0\text{mH}_2\text{O}$ 时，测压管读数不方便，应当采用水银测压计。

9.3.2   水银测压计

水银测压计（图 9 - 5）U 形玻璃管中装有水银作为测压液体，其一端与被测液体的点 2 相连通，另一端与大气相通。在点 2 压强的作用下，U 形管的左、右侧水银液面形成高差。

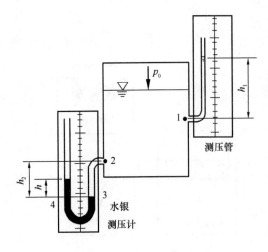

图 9-5　测压管、水银测压

根据连通器原理，通过点 3、4 的水平面为等压面。因此若由 ρ_H 表示水银的密度，根据相对压强关系有 $p_4 = \rho_H gh$，$p_3 = p_2 + \rho gh_2$，根据等压面原理

$$p_4 = p_3$$

得到

$$p_2 = g(\rho_H h - \rho h_2) \qquad (9-9)$$

所以，可以通过量测 h 与 h_2 来计算点 2 的相对压强 p_2 的大小。

9.3.3　弹力测压计

最常用的弹力测压计是金属测压表与弹簧测压表。它们利用弹簧材料随压强高低的变形幅度差别通过测量变形的大小达到压强测量的目的。其优点是携带方便，读数容易，金属测压表适合于测量较高的压强，在工业上普遍采用，但是它的精度有限。弹簧测压表有各种类型，能够用于实验室内的精确测定。

本章习题

选择题（单选题）

9.1　如图 9-6 所示，水银气压计，若玻璃管中的水银面比杯中的水银面高出 $h = 760\text{mm}$，水银的密度 $\rho_H = 13600\ \text{kg/m}^3$，则大气压强为：　（a）101kPa；　（b）99kPa；（c）97kPa；（d）95kPa。

9.2　当量测微小气体压强时，为提高测量精度，采用倾斜管微压计进行测量（图 9-7）。设工作液体的密度为 $\rho_s = 800\text{kg/m}^3$（酒精），斜管倾角 $\theta = 10°$，液面读数 $l = 0.2\text{m}$，气体的压强 p_0 约为：（a）68Pa；（b）132Pa；（c）272Pa；（d）544Pa。

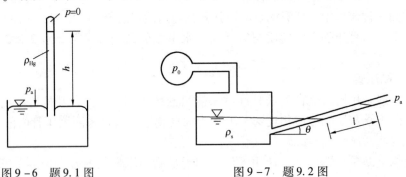

图 9-6　题 9.1 图　　　　　　　　图 9-7　题 9.2 图

计算题

9.3　用毕托管测定大气风速。与毕托管相接的微压计测得动压为 10Pa，若毕托管的流速系数为 0.98，求风速值（空气密度按 1.2kg/m³ 计）。

9.4　安装在风道内的毕托管的测速管和测压管间的压差为 10mm 水柱，若毕托管的流速系数为 0.99，风道内的空气密度为 1.15kg/m³，求风速值。

9.5　原油通过水平放置的文丘里管，其进、出口直径 $d_1 = 150\text{mm}$，喉部直径 $d_2 = 75\text{mm}$。已知文丘里管常数 $C = 0.98$，原油的流量为 $Q = 7.6\text{L/s}$，求文丘里管进口断面和喉部断面的压差（原油的密度 $\rho_0 = 850\text{kg/m}^3$ 计）。

9.6　一出口直径为 75mm 的管嘴，用水银测压计量测管嘴进口断面的压强。若水温为 20℃，测压计读数为 381mm，试求（1）通过管嘴的流量；（2）管嘴产生的水头损失。管嘴出口断面的压强按大气压强计。

9.7　如图 9－8 所示，水流通过铅垂放置的圆管，用圆孔板量测流量。已知管道直径为 225mm，孔口直径为 150mm，两测压管水头差为 2.4m，孔板的流速系数为 0.97，求水流流量。

9.8　流线形圆管嘴（图 9－9），流速系数是 0.96，出口直径为 50mm，测得水库水位与测压管水头之差为 0.9m，求进口管道的水流流量。

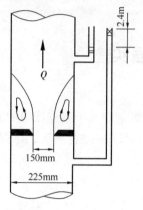

图 9－8　题 9.7 图

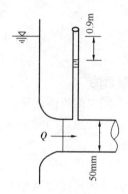

图 9－9　题 9.8 图

第10章 实　　验

教学要求：掌握测压管测量静水中某点压强的方法；加深理解位置水头、压强水头和测管水头等基本概念，观察真空现象；学会用动槽式水银气压表量测当地大气压；掌握未知液体密度的测量方法。掌握有压管沿程水头损失及沿程阻力系数的测定方法；了解管流不同流区的沿程水头损失与断面平均流速的关系、沿程水头损失和沿程阻力系数随雷诺数变化的规律。

10.1　静水压强实验

10.1.1　实验目的

（1）掌握在不同表面压强的条件下，用测压管测量静水中某点压强的方法；

（2）验证静水中任意点的测管水头为常数，加深理解位置水头、压强水头和测管水头等基本概念，观察真空现象；

（3）学会用动槽式水银气压表量测当地大气压；

（4）掌握未知液体密度的测量方法。

10.1.2　实验装置

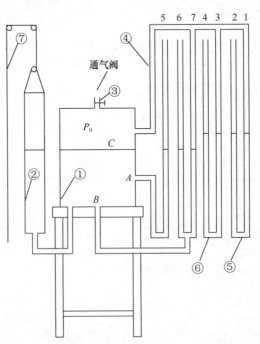

图 10 - 1　静水压强实验装置示意图
①—密闭水箱；②—水位调节器；③—通气阀；④—测压管；
⑤—U 型比压计 1；⑥—U 型比压计 2；⑦—升降绳

10.1.3　实验原理

在重力作用下不可压缩液体静力学的基本方程为

$$z + \frac{p}{\rho g} = \text{const} \tag{10-1}$$

或

$$p = p_0 + \rho g h \tag{10-2}$$

式中　z——位置水头，表示被测点相对于基准面高度，即单位重量水体所具有的位能，m；

　　$\frac{p}{\rho g}$——压强水头，表示被测点处单位重量水体所具有的压能，m；

　　$z + \frac{p}{\rho g}$——测压管水头，m；

　　p——被测点的静水压强，Pa；

　　p_0——水箱中液面的表面压强，Pa；

　　g——重力加速度，m/s^2；

　　h——被测点的液体深度，m。

（10-1）式表明静水中任意一点的测压管水头都相等。

（10-2）式表明液面以下任一点的静水压强 p 等于表面压强 p_0 与这一点至液面的水深乘以液体容重之和，即静水压强是随液体深度按线性规律变化。

当绝对压强 p' < 大气压强 p_a 时，则相对压强 p 为负压，负压可用真空压强 p_v 或真空度 h_v 来表示：

$$p_v s = p_a - p' \tag{10-3}$$
$$h_v = p_v / \rho g \tag{10-4}$$

对于装有有色液体的 U 型比压计 6 和装有水的 U 型比压计 5，应用等压面原理可得有色液体的密度 ρ_0 为

$$\rho_0 = \frac{(\nabla_2 - \nabla_1)\rho_w}{\nabla_4 - \nabla_3} \tag{10-5}$$

式中　　　　ρ_0——有色液体的密度；

　　　　　　ρ_w——水的密度；

∇_1、∇_2、∇_3、∇_4——比压计测压管 1、2、3、4 液面高度。

10.1.4　实验方法及步骤

（1）用动槽式水银气压表测读当时当地大气压，并记录，动槽式水银气压表的读数单位是毫巴，1 毫巴 = 0.750069 毫米汞柱 = 100.03N/m²。

（2）记录 A、B 点位置水头读数 ∇_A、∇_B，将水位调节器降至最低位置，开启通气阀，使水箱中液面与大气相通，等测压管 5、6、7 水位齐平，说明设备正常。

（3）关闭通气阀，升高水位调节器，此时水位调节器里的水回流到密闭水箱，使水箱里的水位升高，水面上的空气被压缩，形成 $p_0 > p_a$ 的情况，待各测压管稳定后，测读各测压管水位 $\nabla_1 \sim \nabla_7$ 读数，并记录。

（4）保持 $p_0 > p_a$ 的条件下，改变水位调节器的位置，重复实验三次。

（5）水位调节器升至最高位置，开启通气阀，使水箱中液面与大气相通，等测压管 5、

6、7 水位齐平时，关闭通气阀。

（6）适当降低水位调节器，在重力作用下，密闭水箱里的水回流到水位调节器里，密闭水箱里的水位下降，水面上的空气形成 $p_0 < p_a$ 的情况，待各测压管稳定后，测读各测压管水位 $\nabla_1 \sim \nabla_7$ 读数，并记录。

（7）保持 $p_0 < p_a$ 的条件下，改变水位调节器的位置，重复实验三次。

（8）将水位调节器降至最低位置，打开通气阀，实验结束。整理现场。

10.1.5 注意事项

（1）调节水位调节器后要等测压管液面稳定后方可读数，读数时视线与测压管液面的凹面水平相切，否则读数有误差。

（2）水面 C 点的位置水头 ∇_7 是随水位调节器变化而改变的，因此不同的表面压强有不同的位置水头 ∇_7。

（3）水箱要求密闭良好，若调节水位调节器没改变，而测压管液面持续变化，则表明设备有漏气，需查明原因并消除漏气。

10.2　有压管沿程水头损失实验

10.2.1　实验目的

（1）掌握有压管沿程水头损失及阻力系数的测定方法。

（2）验证管流不同流区的沿程水头损失与断面平均流速的关系、沿程水头损失阻力系数随雷诺数变化的规律。

10.2.2　实验装置

有压管沿程水头损失实验装置如图 10 - 2 所示。

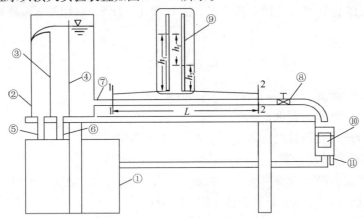

图 10 - 2　自循环沿程水头损失实验装置示意图

①—贮水箱；②—给水箱；③—溢流板；④—稳水孔板；⑤—溢流回水管；⑥—供水管；
⑦—实验管段；⑧—阀门；⑨—测压管；⑩—流量切换器；⑪—测流接水管

10.2.3　实验原理

沿程损失是由于流体在运动中克服沿程阻力引起的能量损失。根据达西公式，有压管沿程水头损失 h_f 与管长 l 和流速水头 $v^2 / 2g$ 成正比，与管道的直径 d 成反比，即

$$h_{\rm f} = \lambda \cdot \frac{l}{d} \cdot \frac{v^2}{2g} \qquad (10-6)$$

式中　λ——沿程阻力系数，是雷诺数 Re 与相对粗糙度的函数，即 $\lambda = f(Re, K/d)$；

　　　l——实验管长；

　　　d——管内径；

　　　v——平均流速。

由上式得

$$\lambda = \frac{2gd}{l} \cdot \frac{h_{\rm f}}{v^2} \qquad (10-7)$$

由于管道内径 $d = {\rm const}$，流速水头 $v_1^2/2g = v_2^2/2g$，由能量方程得

$$h_{\rm f} = \left(z_1 + \frac{p_1}{\rho g}\right) - \left(z_2 + \frac{p_2}{\rho g}\right) = h_1 - h_2 \qquad (10-8)$$

流量与断面平均流速的关系为 $Q = v \cdot A = v \cdot \frac{\pi}{4} \cdot d^2$，将 $v = \frac{4Q}{\pi \cdot d^2}$ 代入 （10-8） 式得

$$\lambda = \frac{g\pi^2 d^5}{8l} \cdot \frac{h_{\rm f}}{Q^2} \qquad (10-9)$$

令 $K_1 = \frac{g\pi^2 d^5}{8l}$，得

$$\lambda = K_1 \cdot \frac{h_{\rm f}}{Q^2} = K_1 \cdot \frac{h_1 - h_2}{Q^2} \qquad (10-10)$$

由于只做一条管路的 λ 实验，同一条管路的相对粗糙度 (K/d) 不变，且 λ 值又在光滑区以内，因此只研究沿程阻力系数 λ 与雷诺数 Re 的关系

$$Re = \frac{v \cdot d}{\nu} = \left(\frac{4}{\pi \cdot d \cdot \nu}\right) \cdot Q = k_2 \cdot Q \qquad (10-11)$$

式中　　　ν——水的运动粘度 （粘滞系数，单位 m²/s），与温度 t 有关；

　　　　　d——管道直径；

　　　　　v——断面平均流速；

　　　　　Q——流量；

$k_2 = \dfrac{4}{\pi \cdot d \cdot \nu}$——计算常数。

由式 （10-10） 和式 （10-11） 可以看出，在实验中只要测出管路 1-1、2-2 断面的测压管水头 h_1、h_2、Q 和水温 t，即可确定 λ 和 Re。

根据沿程阻力系数的变化规律可知，在层流区 $Re < 2000$ 时

$$\lambda = \frac{64}{Re} \qquad (10-12)$$

在层流与紊流过渡区 $2000 < Re < 4000$，根据扎依琴柯公式，有

$$\lambda = 0.0025 \sqrt[3]{Re} \qquad (10-13)$$

在光滑紊流区，当 $4000 < Re < 10^5$，根据布拉修斯公式，有

$$\lambda = \frac{0.3164}{Re^{0.25}} \qquad\qquad (10-14)$$

10.2.4 实验方法及步骤

（1）记录有关常数。

（2）接通水泵电源，等给水箱溢流后排净测压管中的气，关闭阀门8，检查测压管是否齐平，若不平说明测压管中有气，查出原因并给予排出。

（3）将阀门8完全打开，等水流稳定后读测压管 h_1、h_2 的读数，然后测定相应的流量和水温。

（4）测量流量：体积（或重量）法，把量筒或水桶接在流量接水管11下面，将水流切换器10切换水流的同时按下秒表计时键，当水接快接满时，将水流切换器10复原，同时按下秒表停止键，再测读所测水的体积或称出水的重量，实测流量 Q = 实测体积（或重量）/实测时间。

（5）调节阀门8，使流量逐次减小，其减小量用测压管差值 h_f 来控制，在紊流光滑区，h_f 每次递减12cm左右，重复测量若干组 h_1、h_2、Q 数据后，λ 进入紊流与层流的过渡区，此时 h_f 每次递减3cm左右，重复测量若干组 h_1、h_2、Q 数据后，当 $h_f = 3$cm 时，λ 进入层流区，此时 h_f 每次递减0.5cm左右，重复测量 h_1、h_2、Q 数据至 $h_f = 0.5$cm 时，结束实验。

（6）实验读数结束后，测读水温，将第一次和最后一次水温平均记录，然后关闭阀门8，检查测压管是否齐平，若不平说明测压管中有气，查出原因并予排出，重做实验。

（7）实验完毕，切断电源，打开阀门8，放空给水箱，整理现场。

10.2.5 注意事项

（1）每次改变流量后要等水稳定后方可测量数据，流量越小，须等待的时间越长，一般需等待 2~4min，读测压管数据时，视线要与测压管液面的凹面水平相切，否则读数有误差，若测压管内液面有波动，读其平均值。

（2）调节阀门8时，请轻开轻关。

（3）测量流量时切换与记时要同步，否则要重新测量，测量时间在允许范围内尽可能长一些（$t > 15$s），以减小相对误差。

附录　部分习题参考答案

第1章

1.1　(c)

1.2　(b)

1.3　(d)

1.4　(b)

1.5　(a)

1.6　(d)

1.7　(c)

1.8　(c)

1.9　$0.605 \times 10^{-6} \mathrm{m^2/s}$

1.10　2kg, 19.6N

1.11　1.366 倍

1.12　$7.65 \mathrm{N/m^3}$, $0.78 \mathrm{kg/m^3}$

1.13　$4.31 \times 10^{-3} \mathrm{N}$

1.14　$0.5 \mathrm{m^2}$

1.15　$0.105 \mathrm{Pa \cdot s}$

1.16　$0.51 \times 10^{-9} \mathrm{m^2/N}$, $E = 1.96 \times 10^9 \mathrm{N/m^2}$

第2章

2.1　(a)

2.2　(c)

2.3　(b)

2.4　(c)

2.5　(b)

2.6　(c)

2.7　(c)

2.8　(b)

2.9　(a) $68.65 \mathrm{kN/m^2}$, (b) $28.1 \mathrm{kN/m^2}$, (c) $-29.42 \mathrm{kN/m^2}$, 0, $19.614 \mathrm{kN/m^2}$

2.10　1 液面高, 1 和容器的液面同高

2.11　(1) $115.55 \mathrm{kN/m^2}$, $17.48 \mathrm{kN/m^2}$, (2) 1.78m, 6.78m, (3) $9.63 \mathrm{kN/m^2}$, 1.21m

2.12　$-9.807 \mathrm{kN/m^2}$, $2 \mathrm{mH_2O}$

139

2.13 筒 1 下降一定高度，$\nabla_1 = \nabla_3 < \nabla_2 = \nabla_4$；筒 1 上升一定高度，$\nabla_1 = \nabla_3 > \nabla_2 = \nabla_4$

2.14 4.77 kN/m²

2.15 5.29 N/m³

2.16 59kN，作用于闸门中心

2.17 9.15kN，0.01m

2.18 $F = 24$kN

2.19 $h > 1.33$m

2.21 590kN，920kN

2.22 45.2kN

第 3 章

3.1 （b）

3.2 （b）

3.3 （c）

3.4 （a）

3.5 （d）

3.6 （a）

3.7 （c）

3.8 （a）

3.9 （d）

3.10 （1）3.85m/s，（2）4.31m/s

3.11 A→B，2.834m

3.12 $p_0 \geqslant \gamma_{水} h / \left[\left(\dfrac{d_2}{d_1} \right)^4 - 1 \right]$

3.13 8.74m/s

3.14 0.0174m³/s，68.1kN/m²，481N/m²，20.1kN/m²，0

3.15 51.1L/s

3.16 0.11m³/s

3.17 早晨，气流经坑道流出竖井，$v = 6.05$m/s；中午，气流经竖井流出坑道，$v = 2.58$m/s

3.18 2.06kN

3.19 12kN

3.20 （1）3.269kN，（2）5.24kN

3.21 98.35kN

第 4 章

4.1 （b）

4.2 （d）

4.3　（c）

4.4　（c）

4.5　（d）

4.6　（d）

4.7　（c）

4.8　（a）

4.9　（c）

4.10　（b）

4.11　（c）

4.12　（b）

4.13　（b）

4.14　（c）

4.15　（a）

4.16　7.08L/s；紊流

4.17　$h_f = 16.5$m

4.18　1.94cm

4.19　$\nu = 2.97 \times 10^{-5}$m^2/s, $\mu = 2.68 \times 10^{-2}$Pa·s

4.20　5.19L/s

4.21　0.176m

4.22　0.589m/s

4.23　0.0144

4.24　（1）0.785；（2）0.866

4.25　$H > (1 + \zeta)d/\lambda$

4.26　$v_2 = \dfrac{1}{2}v_1$, $d_2 = \sqrt{2}d_1$, $h_{max} = \dfrac{v_1^2}{4g}$

4.27　3.12L/s；101.12N/m^2

4.28　$\zeta = 12.82$

4.29　0.022

4.30　43.9m

4.31　$\zeta = 0.33$

4.32　$\zeta = 0.763$

4.33　600N，15kW；210N，5.262kW

第 5 章

5.1　（b）

5.2　（a）

5.3　（c）

5.4　（c）

5.5　（d）

5.6 (a)

5.7 (c)

5.8 (b)

5.9 $\varepsilon = 0.64$, $\mu = 0.62$, $\varphi = 0.97$, $\zeta = 0.06$

5.10 (1)1.219L/s; (2)1.612L/s; (3)1.5m

5.11 (1)$h_1 = 1.07$m, $h_2 = 1.43$m; (2)3.56L/s

5.12 394s

5.13 7.89h

5.14 $t = \dfrac{4lD^{3/2}}{3\mu A\sqrt{2g}}$

5.15 14.13L/s, 3.11m

5.16 752.09kN/m^2

5.17 2.14m^3/s

5.18 334s

5.19 58L/s

5.20 10.14m

5.21 1.26

5.22 108.7kN/m^2

5.23 (1)0, 1.73L/s; (2)2.25L/s, 0.2L/s; (3)1.1L/s, 19.5

第6章

6.1 (a)

6.2 (b)

6.3 (c)

6.4 (c)

6.5 (b)

6.6 (d)

6.7 (c)

6.8 (a)

6.9 (c)

6.10 (d)

6.11 0.033, 0.05, 0.0428

6.12 3.09m^3/s

6.13 $h = 1.7$m, $b = 3.4$m

6.14 $h = 0.5$m, $b = 2$m

6.15 $d = 0.487$m, 取 500mm

6.16 0.973m^3/s

第 7 章

7.1 （b）

7.2 （d）

7.3 （a）

7.4 （c）

7.5 （b）

7.6 （a）

7.7 0.0106cm/s

7.8 4.8mL/s

7.9 14.21L/s

7.10 183.7m

第 8 章

8.1 （d）

8.2 （c）

8.3 （a）

8.4 （d）

8.5 （d）

8.6 （a）

8.7 （c）

8.8 （a）

8.9 （a）不可能实现；（b）200km/h；（c）384.8km/h

8.10 相似板尺寸：3.77m×0.75m，阻力为3.92N。

8.11 模型尺寸（长×宽×深）：5m×1.25m×0.1m，停留时间0.9h。

8.12 $Q_n = 536 \text{m}^3/\text{s}$，$P_n = 2400 \text{kN}$。

8.13 $s = kgt^2$

8.14 $N = kM\omega$

8.15 $a = \sqrt{\dfrac{K}{\rho}}$

8.16 $y_{max} = k\dfrac{ql^4}{EI}$

8.17 $q = m\sqrt{2g}H^{3/2}$

8.18 $Q = \dfrac{\pi d^2}{4}\sqrt{2g}\,\varphi\left(\dfrac{d}{H}, \dfrac{vH\rho}{\mu}\right)$

第 9 章

9.1 （a）

9.2　（c）

9.3　4m/s

9.4　12.92 m/s

9.5　43.65kPa

9.6　（1）36.5L/s；（2）50.8kPa

9.7　52.25L/s

9.8　7.92L/s

主要参考文献

[1] 蔡增基，龙天渝. 流体力学泵与风机[M]. 第5版. 北京：中国建筑工业出版社，2009.

[2] 刘鹤年. 流体力学[M]. 第2版. 北京：中国建筑工业出版社，2004.

[3] 闻德荪. 工程流体力学（水力学）[M]. 第2版. 上、下册. 北京：高等教育出版社，2004.

[4] 刘建军，张宝华. 流体力学[M]. 北京：北京大学出版社，2006.

[5] 屠大燕. 流体力学[M]. 第1版. 北京：中国建筑工业出版社，1994.

[6] 李玉柱，苑明顺. 流体力学[M]. 第1版. 京：高等教育出版社，1998.